남자, 아빠가 되었을 때

눈물 1리터

남자, 아빠가 되었을 때 눈물 1리터

초판 1쇄 2013년 12월 4일

지은이 이헌안
발행인 김재홍
기획편집 김태수, 이은주, 권다원
마케팅 이연실

발행처 도서출판 지식공감
등록번호 제396-2012-000018호
주소 경기도 고양시 일산동구 견달산로225번길 112
전화 031-901-9300
팩스 031-902-0089
홈페이지 www.bookdaum.com

가격 14,000원
ISBN 979-11-5622-001-5 13590

CIP제어번호 CIP2013022096
이 도서의 국립중앙도서관 출판시 도서목록(CIP)은 e-CIP 홈페이지(http://www.nl.go.kr/ecip)에서 이용하실 수 있습니다.

이헌안 지음

"내게…… 아빠가 된다는 건 어떤 의미였을까?"

지식공감

"육아, 내가 나를 찾아가는 먼 여행의 시작."

윤동주의 「별 헤는 밤」을 읽을 때마다 음악을 듣는 느낌입니다. 눈으로 읽는데 귀로 듣는 음악처럼 느껴지니 세상에서 가장 아름다운 시(詩) 중 하나 아닐까 합니다.

오늘도 별을 헤아리듯 야근을 합니다.

'누르는' 자판만큼 '쌓이는' 미안함을 느끼며 전화를 걸고, 아이는 엉엉 울고 있습니다. 잠자기 싫어 우는 아이를 두고 아내는 "아빠가 보고 싶대." 합니다. 뻔한 소리인 줄 알면서도 솟구치는 미안함이 자꾸만 오타를 만들어 냅니다.

이런 때는 정말 사는 게 뭔지 모르겠다 싶습니다. 내 인생은 T.O.P.가 아니라 그냥 커피로구나. 서글프고, 애잔하고 또 힘이 들기도 합니다. 외롭기도 하고요.

"벌써 며칠째지?"

홀로 있는 사무실. '쇼팽'의 「카바티나」를 듣는데 눈물이 날 것 같습니다. 눈으로 읽는 별 헤는 밤을 귀로 들었듯 귀로 듣는 애잔한 카바티나를 눈으로 읽는 심정입니다.

어떻게 달랬는지 울보 아이가 해맑게 웃으며 영상통화를 걸어오지만, 카메라 보안스티커 때문에 그조차도 못 해 미안합니다. 그런데 아이는 엄마가 시켰음이 확실한 말로 "아빠, '맛나는' 야근 잘해" 하며 '왕 딱지와 공주 목걸이'를 부탁합니다.
"그럼~그럼~ 사주고말고."
아이는 기뻐하고 제 야근에도 단맛이 나기 시작합니다. 제가 기쁘게 야근을 해야 하는 이유를 한 번 더 깨닫게 된 셈입니다. '맛나는 야근.' 이 짧은 문장에 함축된 대한민국에서 아빠로 산다는 것을 뭐라 정의해야 할까? 하면서 말이지요.

십 년 동안 모진 애를 쓴 후 겨우 아빠가 되었을 때 저는 일상에 '쉽게' 만족하는 법을 배우고자 했었지만, 아이들과 보다 많은 시간을 함께하는 그런 평범함조차 쉽지 않다는 것을 알게 됩니다. 그럴 때마다 갓난애기가 보고 싶어 집니다. 아마도 헤이는 별만큼 많았던 기대와 '평범'했던 것만으로도 무한히 감사했던 아빠로서의 첫날을 상기시켜주기 때문이겠죠.
늦은 밤, 부질없이 헤아리다 멈춘 수많은 별 대신 맛나야 만 하는 야근과 아빠가 된다는 것의 의미. 그리고 아이들이 태어나던 날이자 제가 남자에서 아빠로 다시 태어났던 날, 제 아이들의 모든 것에 대해 한없이 감사했던 특별한 하루를 떠올립니다.

눈물 1리터

　그즈음, 별 이유도 없이 전화기를 들여다보는 버릇이 생겼습니다. 그리고 어느 이른 아침 전화벨이 울렸을 때 전화를 받기도 전에 머릿속에서 '딩동댕~' 소리가 들리더군요. 그동안 수십 번도 넘게 상상했던 '멋진 날'이 바로 오늘이라는 사실을 알게 되었지요. 누군가 온 힘을 다해 저를 꽉 껴안고 있는 듯 가만히 서서 아침거리를 바라봤습니다. 이제 십 년을 꿈꿔 왔던 나만의 특별한 아침이 될 참이었습니다.

　'오늘, 내가 아빠가 된다.'는 새삼스런 깨달음에 갑자기 질주하듯 심장이 뛰기 시작하더군요. 가지에 위태롭게 매달린 단풍잎 몇 개도 덩달아 미친 듯 펄럭이기 시작하면서 늦가을 냉기 도는 계절의 냄새가 훅~하고 몰려 왔습니다. 정신이 번쩍 들더군요. 지독히도 길게 느껴졌던 붉은 신호등을 만날 때마다 앙다문 입에서는 가벼운 신음이 배어 나왔고 이윽고 도착한 "분당 서울대병원"이라는 간판이 와락 달려들 듯 커 보였으며 칼칼한 소독약 냄새와 누워 있던 아내를 봤을 때 온몸이 삐걱 소리를 내지른듯 했던 기묘한 느낌들이 선명한 사진처럼 차곡차곡 제 기억에 쌓였습니다.

　아내는 이제는 무척이나 익숙해진 둥근 배를 쓰다듬으며 어두운 병실에 홀로 누워 있었습니다.

　"괜찮아?"

　"응… 인큐베이터 두 개가 오늘 나왔대."

자신의 기분보다 준비된 인큐베이터의 개수에 몹시 신경을 쓰던 아내가 수술실로 들어가는 장면을 보며 누군가 중병이 들어 수술실에 들어가는데 하필이면 건스엔로지스의 '천국의 문을 두드리며(Knocking On Heaven's Door)'가 울려 퍼지더라는 재미난 이야기가 생각났습니다. 우리에게도 그런 재미를 주려면 셀린디온의 '난 살아있어요(I'm alive)'를 틀어야겠구나 하며 보호자 대기실에서 멍하니 모니터를 보고 있는데 갑자기 격렬한 허기가 몰려오더군요. 33주, 예상치 못한 조산이었기 때문에 긴장될 법도 한데 그런 상황에서도 본능적 욕구에는 변함이 없다는 사실이 조금 놀라웠지요. 아내가 머물던 병실에서 귤과 빵을 얼른 가져와 먹으며 모니터의 수술 진행 상황을 '관전'할 때까지만 해도 모니터에 변경이 없었는데, 하필이면 귤껍질을 버리러 잠깐 다녀온 사이에 아이들 성별이 대기실 화면에 나타나 있었습니다. 귤껍질을 들고 쓰레기통을 오가는 사이 제가 아빠가 된 것이었습니다.

간호사는 "대체 이런 중차대한 시간에 어디 갔었느냐?"며, 이제 막 아빠가 된 제게 눈을 흘겼고 이내 간호사에게 이끌려 신생아 중환자실 안 테이블에 앉게 되었습니다. 앳된 얼굴의 신출내기 의사가 아직 얼굴도 보지 못한 우리 아이의 검사 결과를 말해 주기 위해 기다리고 있었습니다. '신생아 중환자실(NICU)'이라는 이름이 주는 위압감에 다소 주눅이 든 채 주위를 둘러보니 멀리서 봐도 '세상에! 저렇게 작은 아이도 있구나' 하는 생각이 들 정도로 작은 아이가 바구니에 담긴 채 다소곳이 누워 있었습니다. 제 아이들도 평균보다 작게 태어난 것이 확실했기 때문에 눈길이 자꾸 그쪽으로 가는 것은 어쩔 수 없었습니다.

두리번거리는 저를 본 의사는 공상에 빠진 학생을 발견한 선생님처럼 차트를 '톡톡' 소리 나게 쳐서 주의를 끌었고 엄숙한 표정으로 몇 가지 검사 결과를 한 번 더 강조했습니다. 그리고 드디어 "이제 따님을 보러 가시지요." 하며 한 아이를 가리키더군요. 의사의 손끝을 따라가다 어느 순간 가슴이 덜컥했습니다. 조금 전 바구니 속의 놀랄 만큼 작다 싶었던 그 아이가 바로 제 딸이었던 것입니다.

'세상에 이렇게 작다니……'

같은 아이를 보면서도 5분 전의 '관조적' 입장에서 느낀 작다와는 너무나 다른 느낌이 가슴을 후려치는 현실감으로 다가왔고 정신이 아득해지더군요. 제 팔뚝 하나로 다 가릴 수 있을 만큼 작고 가녀린 여자아이는 신생아 평균 몸무게의 절반으로 태어나 손바닥만 한 두건을 헐렁하게 쓴 채 과일 바구니 같은 플라스틱 바구니에 모로 누워 아빠와 처음 얼굴을 마주했습니다. 삑-삑-삑. 전자음이 규칙적으로 비명을 질러 대는 인큐베이터 사이에서 아이의 가냘픈 손발을 가만히 바라보았고, 어느 순간 뭐라 형언할 수 없는 뜨거운 감정이 치솟았습니다.

왈칵, 눈물이 제 볼을 타고 제 심장을 관통하며 '줄줄' 쏟아졌습니다.

터진 수도관의 물처럼 콸콸 쏟아졌던 눈물은 아마도 1리터쯤······.

저는 마구 울어대기 시작했습니다.

사실 아내의 임신 기간 내내 미팅을 앞둔 여고생처럼 들뜬 마음으로 아이와의 첫 만남을 상상했었고 어떻게 하면 멋지게 그 만남을 이야기할까 생각하곤 했었지요. 내심 아이의 두 눈을 보고 부드럽고 그윽한 목소리로 "만나서 반갑다." 또는 "우리 뜨거운 인연으로 행복하게 살아 보자." 하는 식의 교과서적이지만 나름 극적인 면이 있는 멋진 말을 하고도 싶었습니다. 하지만 유감스럽게도 십 년을 기다리고 몇 달을 참아낸 후 드디어 그 결정적인 순간이 왔을 때 아이에게 해준 말이 고작 "으흐흑!" 이었던 것이었습니다.

당황스럽지만 이해된다는 표정으로 제가 마구 쏟던 눈물을 멈출 때까지 기다려 준 간호사에게 "제가 울었다고 아무한테도 말하지 말아 주세요."라고 농담을 할 정도로 진정이 되니 조금 멋쩍기도 하더군요.

조금 늦었지만, 첫인사만큼은 마음먹었던 대로 하려고 아이에게 다가가 말을 걸었습니다. "우리딸······ 아빠야······." 그러자 한쪽 팔을 얼굴에 얹은 채 잠들어 있던 아이가 제 쪽으로 머리를 천천히 돌리며 눈을 떴습니다. 아이는 마치 깊은 잠에서 이제 막 깨어났고 잠들기 전 익숙했던 따스한 목소리의 정체를 이제야 찾았다는 듯 서서히 한쪽 눈을 뜨고 저를 쳐다보는 것이었습니다. 백만 년이 지나도 참을 수 없을 것 같은 뜨거운 감정이 '또' 제 심장을 후려쳤고 저는 다시 울기 시작했습니다. 세상에 나와 겪은 첫 번째 인위적 고통임이 틀림없는 바늘과 반창고가 얽혀 있어 더욱더 애틋함을 느끼게 했던 아이의 가녀린 손등도 그렇거니와 그 손에 가려져 있던 눈을 서서히 뜨는 모습은 찰나를 영원처럼 느끼게 할 만큼 놀랍고 애잔했기 때문이었습니다.

눈물…… 1리터.

저는 그 넓은 병실을 눈물로 채울 작정을 한 것처럼 엉엉 울었고 간호사는 고맙게도 조금 전처럼 당황스럽지만 이해된다는 표정을 지으며 한 번 더 기다려 주었습니다. 어른이 우는 '신기한' 일은 훨씬 더 많이 봤을 그 간호사를 생각해서라도 진정을 해야 했고 이제 사내아이를 만나러 가야 했습니다. 딸아이와의 첫 만남처럼 아들과의 만남도 눈물로 시작할 수는 없었기 때문에 이번만큼은 준비한 대로 멋지게 잘하리라 마음먹었습니다. 그 친절하고 고마운 간호사와 함께 사내아이를 찾아갔을 때 아이는 이미 인큐베이터 안에 들어가 있었습니다. 아이는 유리로 만든 도시락 상자 같은 인큐베이터 안, 푸르스름한 형광등 불빛 아래서 붕대로 눈을 가린 채 저를 맞이했습니다. 그렇게 아이의 작은 몸통에 연결된 산소 호흡기와 전선들을 본 순간 조금 전의 다부진 각오는 까맣게 잊은 채 제 눈물샘이 다시 바빠지기 시작했습니다.

또 눈물 1리터…….

간호사의 관대함이 짜증으로 바뀔지도 모른다는 걱정이 들 만큼 충분히 울어버린 후 누군가 건네주는 서류를 얼떨결에 받았습니다. 아직 이름이 없어 누구누구 님 아이 1, 2라고 적힌 입원 요청서였습니다. 서류에 존재가 적힌다는 것은 사회적인 생명력도 같이 갖는 것이라는 생각을 하니,

또 눈물 1리터…….

사실 제가 제 몸의 수분을 모두 빼낼 기세로 눈물을 흘린 것은 제가 특별히 감성적이어서가 아니었습니다. 그날 아침, 대기 중이던 아내 앞 침대의 산모에게 의사는 "누구도 아이를 구할 수는 없었을 것입니다. 두 분이 상의하셔서 결정하시지요." 하며 태아를 잃은 잔인한 상황을 지독히도 사무적으로 이야기하자 아주 선하게 생긴 남편이 병실의 천장을 바라보며 소리 없이 눈물을 삼키는 모습을 지켜보며 제 마음도 덩달아 약해진 까닭이었습니다. 이심전심(以心傳心) 이랄까……. 그때 그 기분을 딱히 뭐라 정의할 수는 없지만, 어느 부모든 처음 아이를 봤을 때 느낄 깊고 따뜻한 어떤 감정을 몇 배나 증폭시킨 것은 확실했지요. 회복실에서도 그 산모는 아내 옆에 나란히 누워 있었고, 간호사가 "조산 임에도 아이의 검사 결과가 아주 양호하다."며, 마치 자기 일처럼 같이 기뻐해 줄 때도 그 안쓰러운 여자는 벽을 보고 누운 채 그 소리를 다 들어야만 했었지요. 그때 제 머릿속에는 간호사의 친절에 대한 크나큰 고마움과 함께 지금 저 산모의 심정은 어떨까 하는 생각이 내내 맴돌았습니다. 그렇게 평생 잊기 힘든 기쁨 속에서 한편 가슴이 아프고 아득했던 것은 그날 아이를 잃은 그 부부의 상실이 주는 슬픔에 진심으로 '공감'했기

때문입니다.

그날처럼 공감이 없으면 슬픔도 기쁨도 행복도 없다는 것을 극명하게 경험한 날이 또 있을까요?

한동안 두 손에 모아 쥘 수 있을 것 같이 작았던 두 아이가 자가 호흡을 시작했고 쪼글쪼글하던 얼굴도 조금씩 매끈해졌습니다. 그리고 아이는 생존 본능 때문에 그 누구에게라도 '씽긋씽긋' 웃는다 했던 책에서 본 내용을 실제로 보게 되어 무척 행복하더군요.

그런데 갑자기 간호사들이 바쁘게 오가기 시작했고, 갓 세상에 나온 한 아이가 이동식 인큐베이터를 타고 들어왔습니다. 신생아 평균 몸무게를 3킬로그램으로 봤을 때, 딸 아이의 1.4킬로그램이라는 몸무게가 얼마나 적은지 매번 놀라웠는데 그 아이는 보통 신생아의 4분의 1, 우리 아이 몸무게의 절반밖에 안 되는 800그램이었다고 합니다. '상대적'이라는 것이 그처럼 실감날 때가 없었지요. 하지만 분홍색에 빼빼 마르고 손바닥만 한 그 아이는 자기 자신과 전투를 하듯 온갖 힘을 쓰며 세상을 향해 '응애~' 하고 자신의 존재를 과시했습니다.

생명이 세상에 나오면 으레 울음을 울지만 살아 있는 것 자체가 기적이라 했던 그 작은 생명도 자신의 첫 번째 의무인 울음을 작지만 또렷하게 울어 낸다는 것이 새삼 얼마나 신비하고 놀라운지 제 아이들과의 첫 만남이 있던 2주 전의 일이 생각났습니다. 갑자기 콧날이 시큰해지고 눈앞이 뿌옇게 변하는 순간 한 남자가 세상의 온갖 감정을 한자리에 모아 놓은 듯한 묘하고 복잡한 표정을 지으며 허겁지겁 달려왔습니다. 아니나 다를까, 그 아빠가 아이에게 전했던 첫 인사도……, "으흐흑!"

또 눈물 1리터. 온통 눈물 1리터

누가 그랬을까요? 사나이 평생 눈물 세 번. 거짓말.

남자가 우는 이유는 남자에서 아빠로 '다시' 태어났기 때문이 겠지요.

— 2009년 11월. 아빠 1일차.

**

온종일 비현실적인 감이 끈기 있게 남아 있던 「눈물 1리터」로 시작한 아빠로서의 첫날, 초겨울 억센 바람이 불던 창밖을 바라 보며 이제 막 남자에서 아빠가 된 저를 생각했었습니다. 그리고 아빠로서 아이들과 나눌 교감을, 아이들과 함께 만들 기쁨을, 같이 사는 세상에 대한 희망을 적어보기로 했었죠.

그렇게 5년. 돌이켜보면 육아는 '어린아이를 기른다'는 사전적 정의로 충분히 설명될 수 있는 성질의 것은 아니었습니다. 제게 있어 육아는 기쁨과 슬픔, 미움과 고통을 정리하고 버릴 것은 버리는 일련의 감정 정리 과정이기도 했습니다. 결과에 지나치게 집착하고 과도한 방어적 태도와 억하심정, 타인이 받을 마음의 상처에 대해 크게 배려하지 않는 동료에게 육아서를 권하는 이유는 그 속에 자신이 하는 모든 행위의 이유가 담겨 있기 때문입니다. 특히 아이의 감정과 감성에 대한 육아서를 읽으며 제 자신을 더 잘 이해하게 되었습니다. 덕분에 육아, 아이를 키운다는 것을 〈나 스스로 나 자신을 찾아가는, 나를 위한 길〉로 생각하게 되었던 것입니다. 저는 부모로서 〈나 자신을 성찰하는 것〉이 육아의 본질이며, 남자에서 아빠로 자란다는 것의 진정한 의미는 〈나 자신을 찾는 것〉이라 믿고 있습니다.

한편 조물주가 엄마들에게는 넘칠 만큼 채워준 '육아 본능'을 아빠에게는 한 줌 만큼도 주지 않는 이유는 아빠가 아빠 자신을 찾아가는 먼 여행에서 엄마와는 또 다른 아빠만의 방식과 생각으로 '육아의 본질'에 대해 보다 더 깊고 넓게 고민해보라는 뜻은 아니었을까? 하는 생각도 해봅니다.

이 책은 아이들이 자라는 동안 남자에서 아빠로 '함께' 자라며 〈나 자신을 찾는 길〉에서 느꼈던 생각과 일상을 적은 까닭에 여느 육아서처럼 아이를 어떻게 키워야 하며, 좋은 부모라면 뭘 해야 하는지와 같은 조언(Advise)이나 육아에 대한 정의(Define)는 없습니다. 다만 저는 이 책을 통해 엄마들처럼 육아에 대한 본능도 재능도 수많은 육아 지침서가 알려 주는대로 따라 할 재간도 없는, 그래서 최고가 아닌 최선이라는 목표를 가진 보통 아빠가 《내가 나를 찾아가는 길》에서 느낀 '아이들이 선택해 준 나'에 대한 책임감과 고민을 함께 나누는 것으로 '소통'하고자 합니다. 이 책이 간혹 독백 식으로 쓰인 이유 또한 ‘소통’이라는 부분과 무관하지 않습니다.

제가 근무하는 SK그룹은 ‘소통’을 위해 구성원 모두 참여할 수 있는 ‘톡톡(TokTok)’이라는 오픈 커뮤니티(Open Community)를 운영하고 있는데, 이 책은 ‘톡톡’에서 구성원들의(참으로 감사하게도) 많은 지지와 의견을 받은 글로 구성되었습니다.

모쪼록 여느 아빠와 다를 바 없는 어리바리한 보통 아빠가 쓴 이 책을 통해 아이들과 나, 부모의 역할과 책임, 그리고 특히 아빠로서 내가 가진 고민이 결코 나 혼자만의 것은 아니었다는 안도감이 공유되었으면 좋겠습니다.

그간 쌍둥이 둘을 혼자 키워내며 몹시 힘들었을 아내와 부모님, 아이들 건강을 세심하게 살펴주시는 분당 무지개 소아과 김서정 선생님과 제 삶을 한층 더 향기롭게 해주는 SK그룹가족들, 특히 애정어린 관심으로 점작가라는 특별한 애칭을 선사해준 이름 모를 구성원께 감사하며.

깊은 성찰의 계절인 가을의 길목에서
쌍둥이 이헌(李憲), 이안(李安)의 아빠 씀

|chapter 2|

추억, 되뇌어 본다

미래, 생각해 본다

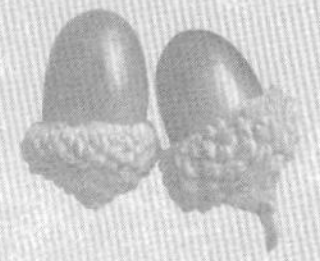

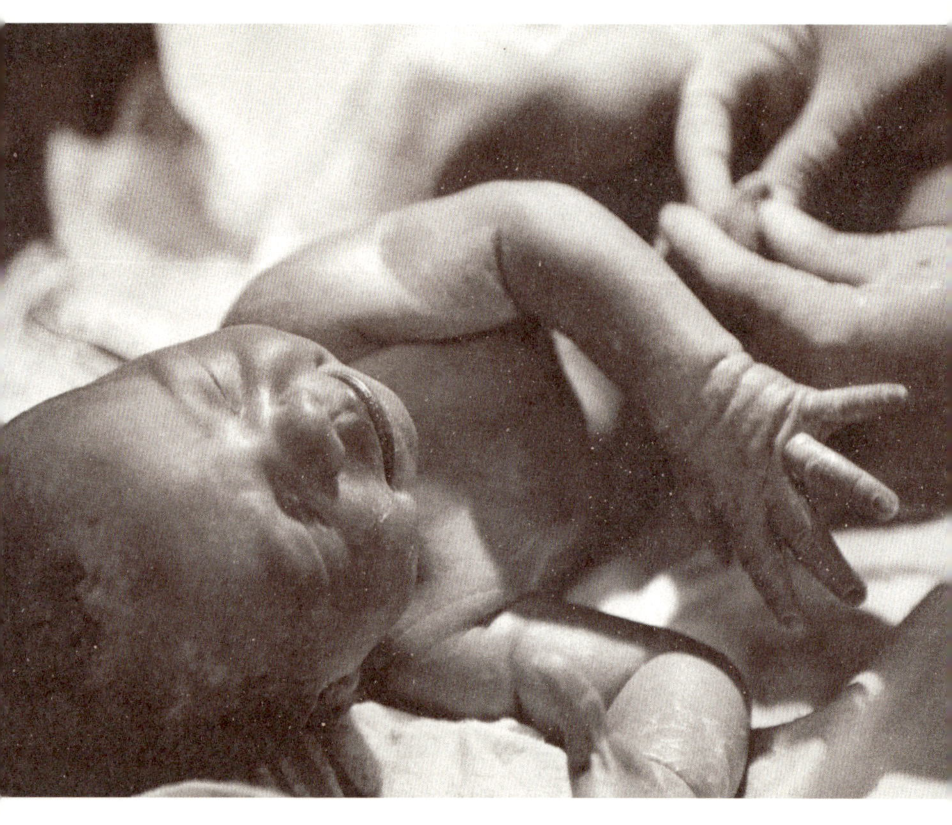

남자가 아빠가 된다는 건
새로운 나로 살아가야 한다는 의미이고
남자가 우는 이유는
아이들과 함께 공감할 준비가 되었기 때문일 것입니다.

Chapter 1

마음, 헤아려 본다

공감이란

타인의 영혼을

내 영혼의 무게만큼

이해하게 된다는 것

사랑을 받지 못하면······.

"그대 사랑받지 못하여 난 생명없는 박제입니다."

– 트위터리안 강윤규@k02kyk

청소하는 아주머니가 힘겨운 '한숨'을 쉬며 열심히 종이 수건을 치우고 있었습니다. 한 직원이 아주머니 바로 옆에서 사용한 종이 수건을 휴지통에 넣지 않고 바닥에 그냥 버리더군요. 아주머니는 웅크린 채 그 종이를 주웠습니다. 그런 일들을 볼 때 유독 괴로운 것은 그 행위 자체뿐 아니라 그런 행동을 하는 사람의 '무감각하고 무심한 표정'을 봐야 하기 때문입니다.

물론 종이 수건을 치우는 일은 그 아주머니의 생업이고 역할인 것이 분명하지만 어떤 일, 어떤 경우에도 기본적인 배려는 필요할 테지요. 아빠가 되고 보니 그 배려라는 것에 대해, 사회적 약자에 대해, 그리고 특히 부모인 우리가 아이들에게 '충분한' 사랑을 주어야 하는 이유에 대해 생각할 기회가 많아집니다.

- 용인, 죽전의 어느 수제 빵집에 있는데 아주 건장하고 뽀

얀 피부의 중년 남성이 말끔한 테니스 운동복 차림으로 들어왔습니다. 남자는 빵 몇 개를 계산대에 올리고는 가냘프고 여리게 생긴 나이 어린 점원에게 "이거 '마이크로 웨이브' 사용할 수 있나?"하고 물었습니다. 그가 제 눈길을 끈 이유는 다소 과장된 몸짓으로 매대의 빵을 필요 이상으로 이리저리 휘저었던 까닭도 있었지만 '마이크로 웨이브'를 기묘할 정도로 혀를 굴리며 '메이크로 웨이베'라 발음했으면서도 '메이크로 웨이베'를 제외한 다른 말은 우리말로 또박또박 말했기 때문이었습니다.

점원이 당황스러운 표정으로, "네? 매……이, 뭐요?" 하고 물으니 갑자기 남자는 비꼬듯 짜증을 내기 시작했습니다.

"몰라? 그런 것도 모르고 어떻게 장사를 해?"

아아~ 불쌍한 아가씨. 기껏해야 잘사는 집 애들 하루 용돈을 한 달 내내 벌겠다고 저렇게 서 있는데 남자는 계산 중인 빵을 이리저리 뒤집으며 집요할 정도로 그 점원의 실수 아닌 실수를 물고 늘어졌습니다. "설명을 제대로 해 줘야 수제 빵 맛을 느낄 것 아냐? 집에서 빵 그렇게 먹어?" 단지 메이크로 웨이베라는 말을 못 알아들었을 뿐인데 왜 화를 내야 하는지 이해하는 사람은 그 남자 자신뿐이었을 것입니다. '못 알아들었으면 다시 말해 주면 될 일을…….'

점원이 세 명이라 다행이었습니다. 한 명이었다면 울음을 터뜨렸을지도 모를 일이었으니까요. 가만있을 수가 없더군요. 점원에게 말해주었습니다.

"전자레인지요. 전자레인지 써도 되냐 묻네요."

그리고 그런 사소한 일로 알량한 '우월적' 지위를 재확인하고자 했던 그 사람에게도 덧붙였습니다. "말이 통하길 원하면 그냥 전자레인지로 하거나, '마이크로 웨이브 오븐'이라 하셔야지요."

그 사람에게 이천 원짜리 빵을 파는 그 아가씨들은 약자일지 몰라도 같은 손님이었던 저는 '약자'로 보이지 않은 탓일까? 그 중후한 풍채와 고급스런 얼굴의 중년 남성은 냉정한 눈길로 저를 흘끔 쳐다보고는 점원이 곱게 담아준 '마이크로 웨이베'를 사용해도 되는 수제 빵을 잡아챘습니다. 그리고 신경질적으로 짧게 흔든 후에 빵집을 나갔습니다.

조금만 결혼이 빨랐어도 그만한 자녀가 있었을 중년의 그는 왜 하필이면 저토록 여리고 어리며, 매시간 '감정 노동'까지 해야 하는 점원에게 저런 가혹한 시련을 줘야 했을까요? 그 남자는 왜 대부분의 한국 사람들이 아침인사만큼 흔하게 사용하는 '전자레인지'라는 용어 대신 잘 쓰지도 않는 '마이크로 웨이브'라는 용어를 써야만 했으며, 왜 굳이 알아듣기도 힘들게 '메이크로 웨이베'라 발음해야만 했을까요?

• 마트에서 점원의 계산이 유독 늦습니다. 애쓰는 표정이 역력한 점원은 몹시 당황하고 있었습니다. 피곤하게 장을 본 저는 저보다 늦게 줄을 섰던 옆 사람이 벌써 계산을 마친 것을 보고 순간 울컥합니다. 저도 모르게 짜증 섞인 말로 점원에게 뭐라고 말하려는 찰나 이성이 그러지 말라고 제 자신을 다독거립니다.

첫 번째로 그러고 싶어서 그러는 사람은 없을 것이고,

두 번째로 내가 아니더라도 다른 사람들에게 이미 욕을 먹었을 테고,

세 번째로 누구에게는 좋은 엄마요, 한 가정의 가장일 수도 있으며,

네 번째로 그곳에서만큼은 나보다 힘들게 일하는 사람일 것이고,

마지막으로 그 순간만큼은(저보다는) '사회적 약자'일 가능성도 조금은 있었기 때문입니다.

"기다릴 수 있어요. 천천히 하세요." 하니 당황함이 가득했던 그분의 표정이 고마움과 안도의 표정으로 바뀌었고 저도 기분이 좋아졌습니다. 그 기분 저도 잘 압니다. 알고 말고요.

• 사랑을 받지 못한다는 것은 또 다른 의미에서 불행한 일이고 또한 슬픈 일입니다.

한동안 이슈가 되었던 아무 이유 없이 지나가는 아이의 발을 걸어 다치게 했다는 아이를 떠올립니다.

다친 아이도 불행이지만, 다치게 한 아이에게도 불행인 것은 매한가지입니다. 가해자 그 아이는 사랑받지 못한 아이일 가능성이 많기 때문이지요. 사랑을 받고 자란 아이라면 자신이 넘어지면 아프듯 다른 사람도 넘어지면 아프다는 것을 너무나 잘 알고 있을 것이고, 그 생각을 못 하는 것은 사랑을 받지 못했기 때문이라 생각합니다. 사랑을 받지 못하면 공감도 없고 공감이 없으면 배려도 없다는 것이 세상 이치이기 때문이지요. 사랑이 곧 도덕은 아니지만 기본적으로 공감을 전제로 한다는 것은 서로

다르지 않을 테지요.

그래서 사랑을 받고 자란 사람, 내가 넘어지면 아프듯 나 아닌 누구라도 넘어지면 '나와 똑같이' 아프다는 것을 알게 됩니다.

그런데 세상은 웬일인지 입으로는 아끼고 사랑하라 말하면서 손으로는 등을 떠밀고 다리로는 발을 걸곤 합니다.

빌어먹을 싹쓸이 문화.

빌어먹을 일등 제일주의.

사랑을 망치는 메마르고 경직된 모든 것들.

시베리아에 사는 사람들은 밤마다 음식을 문밖에 내둔다고 합니다. 굴락이라는 러시아 전통 죄수 수용소에서 탈출하는 사람이 도망 중에 굶지 않을 수 있도록 배려하는 것이지요. 우리도 감나무에 매달린 감 몇 개는 새들을 위해 남겨 두곤 했지요. 이런 것이 소소하지만 사랑을 받은 사람들만이 할 수 있는 타인에 대한 '공감'이며, 그런 공감을 통해 우린 아름답고 세심한 배려를 자연스럽게 세상에 내놓을 수 있을 것입니다.

사랑이 만들어 낸 공감이 중요한 이유는 그 공감이 만들어 내는 따뜻한 배려가 어떤 사람들에게는 믿을 수 없을 만큼 커다란 '의미'가 되기 때문이지요. 절체절명의 순간에 배를 채울 수 있게 해 주는 음식과 새들에게 차려 주는 '성찬'처럼 말입니다.

• 사랑을 받아 알게 된 공감은 사람이 사람에게 잔인하지 않을 수 있도록 도와준다고도 믿습니다.

공무원 남편의 월급 말고도 보유한 여러 채의 건물에서 나오는 월세로 매우 윤택한 생활이 가능했던 아는 분이 어느 날 울음을 펑펑 쏟게 되었다고 합니다.

예전에 숟가락 하나 건지지 못할 정도로 망해버린 친구와 만났을 때 귀가 시간을 맞추느라 연신 시계를 쳐다보는 친구에게 별생각 없이 "택시 타고 가. '그깟 것' 얼마나 한다고" 했었답니다. 그런데 한참 후 그 친구만큼 가난해진 그분은 망해버린 자신의 신세를 한탄하다가 그 친구에게는 하루 벌이일 수도 있었던 것에 대해 '그깟 것'이라 말했던 일이 불쑥 떠올랐다고 합니다. 눈물을 참을 수 없었다더군요. 그건 그 친구의 심정에 진정 '공감'할 수 있었기 때문에 가능한 일이었겠지요. 이렇듯 공감 없는 말은 세상을 잔인하게 만들지만 잔인한 세상을 공감으로 덜 잔인하게 만들 수 있는 것도 명백한 사실이겠죠.

주로 가난한 사람들이 만들어내는 따뜻한 일상의 이야기를 적은 책을 읽으며 다소 아쉬운 것은 꼭 가난만이 세상에 대한 공감을 만들어내는 것은 아닐 거라 믿기 때문입니다.

부자라도 사랑을 받아왔다면 자신에게 그러하듯 가난한 사람에게도, 약자에게도 충분히 공감하고 상대의 입장을 관대하게 헤아릴 수 있다 믿습니다. 하지만 사랑을 받지 못한 부자는 "나처럼 열심히 일해 봐. 그럼 부자가 될 거야. 너희가 가난한 건 덜 열심히 했기 때문이야."라는 공감 없는 '계도'를 하곤 합니다. 모든 것을 자신에게만 맞춰 생각하는 것. 사랑을 받지 못한 사람들의 특징 중 하나일 것입니다.

　그런데 글쎄요.

　하릴없이 노는 것과 그 안에서 열심인 사람을 구별할 수 있는 것은 사랑으로 공감을 배워 타인의 입장에서 생각할 줄 아는 사람만 가능한 일일 것이고, 그런 때의 공감은 "나처럼 열심히 안 해서……."가 아닌, "우리가 만든 사회 프레임이 '열심히' 일하는 너희를 여전히, 끝없이 '가난'하게 만들 수도 있구나." 하고 한 번쯤 생각해 보는 이해로 시작되고 그렇게 만들어진 공감은 우리 아이들이 서로에게 보다 관대한 세상에서 살 수 있도록 도와줄 것이라 믿습니다. 만약 정말 사랑을 받아 본 사람만이 할 수 있는 것이 '공감'이고 그리고 공감이 있어야만 우리 아이들이 서로에게 보다 관대하고 따뜻한 세상을 공유할 수 있다면 부모인 우리가 먼저 아이들에게 충분한 사랑을 주어야 한다는 것은 선택이 아닌 의무가 되는 셈입니다.

　• 가끔씩 우리 아이들이 보다 더 "타인의 고통과 감정에 깊이 '공감'할 수 있으면 얼마나 좋을까?" 하고 생각합니다. 타인에게 진심으로 공감할 수 있다는 것은 타인을 사랑하는 것 이상으로 그 자신을 사랑한다는 말이기 때문이지요. 그리고 그런 사랑은 질기고 진한 생명력으로 아이들과 부모 사이에 서로 전해 주고, 전해 받으며 커 가는 것이 아닐까 생각합니다.

십여 년 전, 어느 해 겨울. 불가리아 소피아의 맥도날드에서 햄버거를 먹다 기묘한 느낌에 문득 쳐다본 창밖에는 찬바람에 튼 빨간 볼살을 가진 초라한 옷차림의 집시 아이 대여섯이 유리창에 거미처럼 붙어 제가 먹는 햄버거를 애타게 바라보고 있었습니다. 지금 생각해 보면 간절함이 가득했던 아이들의 눈과 마음은 제 손에 들린 햄버거의 양이 줄어들 때마다 애절한 비명을 질렀을지도 모르겠습니다. 그 아이들을 보고 다소 불편한 마음이 든 것도 사실이었지만 그때 제가 어떻게 했는지는 기억나지 않습니다. 그 아이들과의 특별한 기억이 없는 것을 보니 아마 애써 모른 척하며 서둘러 먹었겠지요.

그런데 어느 날 배냇웃음을 지으며 저를 바라보던 우리 아이들의 눈이 실제로 있었는지조차 가물가물했던 그 일을 마치 지금 벌어지는 것처럼 너무나 선명한 기억으로 되살려 놓았습니다. 아이들은 저를 그때의 소피아의 맥도날드, 매서운 칼바람이 불던 그곳으로 되돌려 보냈고, 한겨울 추위에 두 손을 모아 볼을 비비고 얼굴의 콧물을 훔치면서 애타게 제 입을 바라보던 그 선한 눈망울들에 대한 연민과 그 아이들이 느꼈을 간절함에 대한 뒤늦은 공감을 만들어 냈던 것이었습니다.

'아! 나는 왜 그 간절함을 애써 모른 척했어야 했을까?' 하는 깊은 후회와 회한에 가슴이 저려왔습니다. 제 자신도 잊고 있던 기억을 상기시키는 공감의 힘이 제 아이들의 눈 속에 있었던 것입니다. 만약 저로 하여금 십수 년 전의 그 집시 아이들이 느꼈을 간절함, 애절함, 선한 욕망에 대한 공감을 치솟게 만들었던 마법 같은 힘이 제 아이에 대한 사랑에서 나온 것이 확실하다면, 그리고 사랑을 받는 사람만이 공감할 수 있다는 말이 정말 맞다면 저는 되레 저희 아이들에게 크고 깊은 사랑을 받은 셈입니다.

그날 밤 아이들 눈이 제게 말해 주었습니다. 제가 저보다 약자인 사람들, 그래서 보호해야 할 사람들에 공감하고, 배려해야 하는 이유에 대해 말이죠. 그것이 가능하도록 만든 것이 바로 '사랑'이었던 것입니다.

그때 생각했지요. 부모인 우리가 아이들로부터 받은 사랑으로 만들어 내는 배려와 공감이 결국 우리 아이들의 행복으로 다시 전해지리라는 것을. 그렇게 사랑은 돌고 돌아 부모인 우리도 함께 행복하게 만들어줄 것이라는 것을.

남몰래 흘리는 눈물

남자에게 아마도 여자가 더없이 '예쁠' 때는 결혼할 즈음일 것입니다.

어쩌면 여자가 진심으로 '대단하다' 할 때는 아이를 낳을 때일지도 모르겠네요.

그런데 제게 여자가 정말 '위대해' 보인 때는 난임이라는 예상치 못한 절망을 이겨 낼 때였습니다.

어느 여사원이 "난임이 많다는 이야기를 들었지만, 내가 난임일 줄은 정말 몰랐다."고 했던 말이 진심으로 와 닿는 것은 저희 또한 그랬기 때문이죠.

인생을 그다지 무겁게 살지 않는 편인 제가 진심으로 미칠 듯한 압박감을 느꼈던 때는 난임이라는 '예상치 못한 복병'을 이겨 낼 때였습니다. 그 압박감은 단순히 기다림이 힘들다거나, 아이를 갖는 데 따른 어려움이 아닌, 제한된 시간 안에 가능한 모든 노력을 다해도 결국 부모가 되지 못할 수도 있다는 애타는 절망에서 비롯됩니다. 정말이지 마음대로, 노력대로 안 되는 일 중 하나가 아이를 갖는 일이더군요.

　꽤 오랜 시간 난임 부부였던 저희에게는 지금도 그때를 떠올리며 멋쩍은 듯 서로 어색하게 웃는 일이 있습니다.

　근처에 작은 산이 있는 주택가에 살던 어느 날 혼자 집을 나섰다가, 외진 동네 놀이터 입구 언저리에 있던 굵은 미루나무 그늘에서 낡은 유모차 하나를 발견했습니다. 저는 특별한 생각 없이 그 유모차 안을 살짝 들여다보았고, 놀랍게도 그 유모차 안에는 태어난 지 몇 달 안 되어 보이는 아이가 홀로 잠들어 있었습니다. 주위를 둘러보았지만 근처에 아무도 없다는 사실을 발견하고 가슴이 덜컥 내려앉더군요. '혹시 이 아이를 누군가 의도적으로 두고 떠난 거라면?' 하는 생각이 번개처럼 머리를 스쳐갔고 그때 심정은 뭐라 표현하기 힘든 놀라움이었죠.

　그때는 여러 차례의 시험관을 실패해서 잠시 쉬고 있었을 때였고, 수년 동안 내색 없이 참아 주셨던 부모님이 속설에 따라 '다산(多産)'을 한 여자의 속옷을 보내오는 바람에 말로 형용하기 힘든 불쾌감을 느낀 지 며칠 되지 않았기 때문에 더 민감했는지도 모르지만 마치 머릿속에 천둥이 치듯 '어쩌면?' 하는 기대가 가슴에 내리꽂혔습니다. 순식간에 벌어진 일이었습니다. 저는 잠시 어찌할 바를 모르다 그 유모차를 바라보며 뒷걸음질을 쳤고 멀리서 아내를 불렀습니다.

　"여기! 빨리 와 봐. 빨리!"

　뜨악한 표정으로 나타난 아내의 손을 붙잡고 우샤인 볼트처럼 뛰어간 그 자리에는 여전히 아이가 잠들어 있었고, 아무리 이성을 잃은 사람이라도 누군가를 두고 가야 한다면 바로 딱! 그 자리일 법한, 외지지만 간간히 사람들이 오가는 자리에 놓여진 낡은 유모차의 아이를 보는 순간 아내도 분명히 5분 전의 저와 같은 생각을 했을 것입니다.

"아! 정말 어쩌면!"

조금 전의 제가 그랬듯 아내도 어쩔 줄을 모르다가 아주 순진한 표정으로 "안아 볼까?" 했는데 그건 사실 좀 겁이 나는 일이었습니다. 정말 누군가 '두고' 간 아이라서 실제로 우리 아이가 될지도 모른다는 생각이 미친 듯이 달려드는 맹수처럼 정수리를 파고든 까닭에 되레 조심스러워 졌던 것이었습니다. 저는 주저하며 "글쎄……" 하고 주위를 둘러봤습니다. 그때 저 멀리서 한 여자가 잘 보이지도 않는 쪽문을 열고 나오는 모습이 보였습니다. 또 가슴이 덜컥하더군요. 저는 아이를 혼자 두기에는 결코 가까운 거리는 아님에도 불구하고 그 여자가 이 아이의 엄마일 것이라는 사실을 직감했습니다. 아내도 같은 생각이었을 것입니다. 그리고 역시나 어색하게 서 있는 아내와 저 사이를 그대로 지나간 그 여자는 '이 사람들이 왜 여기 모여 있나?' 하는 의아함과 다소의 불쾌함이 버무려진 어색한 표정으로 말없이 유모차를 밀고 갔습니다. "안아 볼까?"했던 아내의 순진했던 얼굴이 당황으로 바뀌면서 애써 명랑하게 "그럼 그렇지." 했을 때는 온 지구를 덮을 만큼 넓고도 깊은 오지랖이 참 미안하더군요.

그날 밤 저는 제가 늘 꿈꿔 왔던 모습의 아기가 거실에서 새

하얀 기저귀를 차고 '앵앵'거리면서 기어 다니는 '실제' 같은 꿈을 꾸었습니다. 아! 꿈에서도 저는 놀라서 아이를 안지 못하고 마냥 행복한 기분으로 바라만 보고 있더군요. 기분좋게 잠에서 깬 저는 한 번 더 가슴을 쳤습니다. 얼른 아이를 안아야 '내'아이가 된다던데…… 이렇게 한심할 수가…….

우습지요? 하지만 어떤 사람들에게 지극히 당연하고 자연스러운 일이 다른 어떤 사람들에게는 이루 말할 수 없는 고통이곤 합니다.

겪어 본 사람들이 아니면 알 수 없는 난임의 고통은 상상하는 것 이상입니다. 그 고통은 아무리 노력해도 안 될 수 있다는 절망의 속성을 가지고 있으며, 잘못하면 '영영 부모가 될 수 없을지도 모른다'는 절박함도 함께 가지고 있기 때문에 단순한 긴장에 비할 일이 결코 아닌 것입니다. 저는 수십 년을 살면서 단 한 번도 그와 같은 압박을 느껴 보지 못했기 때문에 지금도 그 심적인 고통을 소스라치도록 선명한 기억으로 가지고 있습니다. 난임의 고통은 정말이지 매순간 참기 어려운 현실이었고 고통스럽기 이를데 없는 압박입니다.

만약 누군가 남자에게는 자괴감을, 여자에게는 비참함을 선사하는 최고의 방법을 찾는다면 그건 난임 치료를 받도록 하는 것입니다.

저희는 자신에게 괴롭고 서로에게 미안한 과정을 몇 번이나 거친 끝에 아이를 가졌습니다. 결혼한 지 근 십 년 만이었지요.

마지막 시술 후 검사 결과를 기다리면서 '피·가·마·른·다.'는 말의 의미를 절감할 만큼 고통스러웠는데, 마치 온몸 특히 심장을 이리저리 비틀고 쥐어짜는 듯한 느낌이었습니다. 난임 부부들은 그런 과정을 매번 겪곤 하지요.

결과 통보를 받기로 한 날, 마침 팀 축구 시합 후 팀원들이 모두 샤워장 탈의실에서 옷을 벗고 있을 때였습니다. 하루 종일 결과에 대한 불안이 머릿속에서 맴돌고 심장을 짓누르는 긴장에 미친 듯이 공을 찼던 저는 샤워장에서 더더욱 증폭된 '실패의 불안감'에 급기야 비명을 지를 참이었습니다. 그때 전화가 왔습니다. 아내는 첫사랑에게 고백을 받은 십대 소녀처럼 엉엉 울며 "나, 됐대……."라고 말했습니다.

"그래? 됐다고? 정말 됐다고? 우리가 부모가 된다고?"

저도 모르게 내지른 그 기쁨의 소리가 너무 커서 주변 사람 모두가 그 이야기를 들은 터라 스물대여섯 명의 사람들이 벌거벗은 채 제게 몰려와 역시 벌거벗은 제 등과 어깨를 두드리며 축하의 말을 쏟아 내 주었습니다. 무척 행복했지요. 하지만 그것으로 끝이 아니었습니다. 아무리 간절한 바람을 되뇌어도 늘 안 되는, 가슴의 온갖 애간장을 쥐어짜는 시간을 위해 직장을 그만둔 이후 몇 년을 보냈던 아내와 제게는 '노산(老産)'이라는 의학적 분류에 따라 수많은 검사를 거쳐야 하는 난관이 추가로 남아 있었습니다. 그 어렵고 힘든 고개를 하나하나 넘을 때마다 역시 온몸을 짓누르는 절박함이 꿈틀거렸고, 그렇게 몇 달을 더 '살아낸' 끝에 부모가 될 수 있었습니다. 그게 벌써 5년 전의 일입니다.

어떤 사람들에게 부모가 된다는 것은 이토록 힘든 일입니다.

보통의 부모들에게도 '부모가 되는 일'은 특별하지만 난임 부부에게는 부모가 되는 동안 저마다 '각별'한 사연이 생기기 마련이지요. 저는 아이를 처음 보던 날, '펑펑' 울었습니다. 그 수준은 「모여라 꿈동산」의 인형이 눈물이랍시고 뿌려 대는 물줄기만큼 되었는데 저희만의 각별한 '사연' 도 한몫했을 것입니다. 길거리에 잠시 놓여진 다른 사람의 아이에게조차 느끼는 어떤 절박한 '기대감'은 가능한 모든 방법을 동원하고, 운명에 애원하며, 자신에게 슬퍼하고, 상황에 절망하는 일을 반복해야 하는 난임 부부에게나 있을 법한 일입니다.

최근 논의되는 '난임 휴직제'를 찬성하는 이유는 난임이 주는 사회적 의미가 의외로 크기 때문입니다. 또한 회사에서 주는 '진료'의 기회는 역차별이 아니라 누구에게나 닥칠 수 있는 일에 대한 보완적 측면이 강합니다. 물론 결혼하기 전에, 그 어떤 고통 없이 당황스러울 만큼 자연스럽게 아이를 갖는 수많은 사람들이 볼 때는 매우 불합리하고 불필요한 지원일 수도 있겠지만, 잠재적으로 기혼 여성의 3분의 1에 해당하는 부부가 난임을 겪을 가능성이 있다고 하니 사회적 보완재 역할로서 '난임 휴직제'는 충분히 고려할 만합니다. 정작 자신이 난임이 될지 어찌 알겠습니까?

지금, 아름다운 파바로티의 '남몰래 흘리는 눈물'과는 전혀 다른 느낌의 '남몰래 흘리는 눈물'을 경험하는 수많은 난임 부부들에게 가장 절실한 것은 지금보다 나은 '사회적 기회'를 주는 일입니다. 회사에서 조금만 더 도와준다면 정말이지 아주 '각별'한 기회가 될 것이라 진심으로 믿습니다.

*****

각기 다른 성향을 가진 사람들이 많이 모인 회사에 이런 글을 올리는 일이 옳은 일인지 망설여졌지만 저를 무척 기쁘게 해 준 댓글이 많았습니다. 자신과 상관없다 생각되는 일에 대해 공감을 받는 것은 쉽지 않겠지만 저를 가장 기쁘게 한 것은 '난임'에 대한 문제의식을 난임이 아닌 사람들과 공유하게 되었다는 점입니다. 그중 몇 가지 의견을 적어 봅니다.

감동_　　　눈물이 나네요. 저도 결혼 3년까지 아기가 없어 불안했지만, 혹시나 와이프의 가슴에 상처 줄까 말도 못했지만 와이프는 저보다 속이 더 타들 어갔겠죠! 그래도 다행히 여러 번의 시도 끝에 지금은 예쁜 공주가 둘이나 된답니다. 님의 글을 읽다 보니 그때가 생각나는군요. 회사에서도 난임인 사우를 위해서 조금 배려해 주셨으면 합니다.

눈물_ 집중톡에 올라온 난임휴직제 글에 대해 비추도 있고 반대 의견도 있지만 이곳엔 비추도 반대도 없네요. 엄연히 따지면 같은 문제의 글인데, 그만큼 글쓴님의 절실함을 느끼셨으리라 봅니다. 〈중략〉 더 이상 난임으로 힘들어 하고 건의하는 것마저 어려운 현실은 없었으면 하는 바람입니다.

정말_ 전혀 모르던 세계, 알 수 없었던 부분에 대한 진심이 담긴 글 잘 읽었습니다. 진실된 글 덕에 제가 모르던 사회의 문제에 대해서 다시 한 번 생각해 보게 되었네요. 감사합니다.

아.._ 잘 몰랐던.. 새로운 시각을 갖게 해 주셨네요. 눈물이 맺혀 글을 읽을 수가 없었습니다. 난임으로 괴로워하는 분들의 심정을 조금이나마 이해할 수 있게 해 주셔서 감사합니다.

엄청많음_ '나는 아니겠지'라고 생각하시는 분들……. 불임 or 난임 비율이 5년 전에 7쌍 중 1쌍이었습니다. 요즘은 더 늘었으면 늘었지 줄지는 않았을 것입니다. 실제 주위에 친한 분들만 봐도 10쌍은 되는 것 같습니다. 저희도 결혼 5년 만에 시험관으로 가졌죠. 난임 시술을 받는 여자분들의 심신의 고통은 생각 이상으로 큽니다.

다들 힘내세요_ 너무나 마음에 와 닿는 글입니다. 세상에서 제 마음대로 안 되는 것, 그게 아기 갖는 일이었던 것 같습니다. 학교 다닐 때 공부하면 많이 한 만큼, 못하면 안 한 만큼 성적표를 받았

고, 그에 맞춰서 대학도 갔고 또 취업할 때도 노력하니 되더
군요. 의사가 그러더군요. 인공 수정 확률 15%? 시험관 확률
20%? 그러면서 언제부터인가 저에겐 아기 갖는 일이 확률
게임처럼 느껴지면서, 복권 사면 맨날 꽝만 나오는, 그것도 한
달에 한 번씩. 저희도 그렇게 아기를 가졌습니다. 5년 동안 피
나는 노력 끝에, 한의원과 대학 병원을 오가면서……. 잘한다
는 병원만 3~4군데 바꿔 가면서 입양도 몇 번 생각하며, 또
'우리 집 앞에 누가 안 버리나'라는 생각까지 안 해 본 생각이
없었던 것 같네요. 언제부턴가 친구 아이 돌잔치는 못 가겠더
라고요. 정말 안 해 본 사람은, 안 겪어 본 사람은 알지 못하
는 고통입니다. 언젠가는 올 천사를 기다리며 지금도 고생하
고 계시는 분들 모두 힘내시고 꼭 잘되시길 빌겠습니다.

ㅠㅠ_ 아침부터 눈물이 핑 도는 글이네요. "내가 그럴 줄 몰랐다."
네……. 저도 같은 생각을 했었고 그 자괴감과 좌절감에 많이
도 괴로워했습니다. 시술 뒤 열흘 후에 있는 임신 반응 검사
결과 날, 임신에 실패했다는 간호사의 담담한 말을 들을 때마
다, 회사 화장실에서 남몰래 많이도 울었습니다. 다행히 지금
은 어렵게 임신에 성공해 그 괴로운 입덧도 즐거운 마음으로
버티고 있습니다. 세상의 모든 난임 부부 여러분들, 힘내세요!

하..._ 정말 저도 여자이지만 난임 휴가가 필요할까?? 싶었는데 글
을 보며 정말 정말 필요하다는 생각이 드네요. 감사합니다!!

아침부터_ 아직 결혼 안 한 남성인지라 난임 휴가제라는 것이 필요할
까?? 라고 생각했던 저를 다시 한 번, 그리고 달리 생각하게
만드는 글이네요. 정말 마음에 와 닿습니다.

부모_   정말 겪어 보지 않은 그 고통을 많은 사람이 이해할 수 있는
       글이네요. 진심으로 가슴 아팠고 축하합니다. 남의 일만으로
       여기던 일들이 뜻밖의 내 일이 되기도 하지요. 많은 생각이
       드는 글이네요.

아진짜_ 아침에 모바일로 읽었지만 저도 모르는 눈물에 차에서 못 내
       릴 뻔했습니다. 저는 님과는 다르지만 첫아이를 와이프 임신
       24주에 잃었습니다. 그 뒤로 지금은 세상에서 가장 사랑스러
       운 아이들 셋을 두고 있지만 그때는 집 밖에 나가서 딴 집 아
       이들만 봐도 울던 와이프의 모습이 평생 가슴에 맺혀 있죠.
       주변에 난임 부부들이 예상 외로 많더군요. 말씀대로 지원
       방법이 있었으면 좋겠습니다. 아이를 간절히 원하는 부부에
       게 이보다 더 큰 소원이 있을까요?

잠깐만요!
여기 난임부부 계신가요?

   잠시 제 이야기 좀 들어주세요.

   난임은 말로 표현하기 어려운 극악한 긴장과 뼈끝까지 아리는
아이에 대한 기대와 슬픔이 상존하는 기묘하고 참기 어려운 감
정을 준다는 것을 저희는 잘 알고 있답니다. 그 감정이 극한까
지 자신을 밀어붙일 때는 '시간이 약이다', '마음을 편하게 먹으
면……'이라는 격려조차도 부담이 될 때가 있지요. 이 세상 최고
의 복권에 모두가 당첨되었는데 이유도 없이 나만 빠진 듯한 그
런 강렬하고 아픈 소외감도 당신을 더더욱 의기소침하게 만들

테고 그럴 때마다 당신은 당신의 몸과 마음을 자책하며 절망과
희망 사이의 외로운 줄타기를 하게 될 테지요.

저희도 지금의 당신처럼 슬펐고 절망했으며 또한 아팠답니다.

줄줄이 아이를 낳고 방치를 하거나 학대를 일삼았다는 부모
들의 이야기를 들으면 세상에 그처럼 불평등한 일은 없다며 분
노했고 동시에 솟아났던 어쩔 수 없는 자괴감은 저희에게 그랬
듯 꾸준히 당신을 괴롭히겠지요. 그런데 이 고통스런 시간이 지
난 후 저희가 알게 된 한 가지 확실한 사실이 있습니다. 우리가
난임을 겪는 동안, 우리는 우리 자신도 모르게 다른 부모들보다
훨씬 더 사려 깊게, 앞으로 함께할 아이들의 미래를 계획하고 부
모로서 충분한 마음의 준비와 각오를 다지고 있었다는 것이지
요. 언젠가 있을 아이를 기대하며 자신도 모르게 남과 다른 시
각의 '계획'을 짜게 되는 것은 저희뿐 아니라 수많은 난임 부부
들이 했던 일이고 오랜 기다림만큼 아이들과 보다 깊은 교감을
기대하게 되는 것은 우리가 경험했던 난임의 고통만큼 명백한
사실이었습니다. 자신도 모르게 그렇게 됩니다.

훗날 부모가 된 후에 느끼겠지만, 아이가 커 가는 만큼 난임
의 고통은 흐릿한 기억의 저편으로 사라지게 될 것입니다. 그리
고 그 기억의 빈자리에는 고통이 아닌 아이에 대한 간절한 마음
과 함께 자신도 모르게 생각했던 '내가 부모가 된다면 할 것들'
에 대한 깊은 상념과 고민 속에 나온 소중한 희망과 계획만 남
을 것입니다. 그즈음 아이들이 우리에게 주는 본질적인 의미는
무엇이었는지를 깊이 생각하게 될 것이고 그 소중한 아이들에게

'어떻게 해 주어야지' 하는 각오를 자신도 모르게 다지고 있음을 알게 됩니다. 역설적이게도 그 '각오'가 난임이 주는 가장 큰 '이익' 중 하나입니다.

저희도 그러기가 쉽지는 않았지만, 당신이 친구 아이의 돌잔치, 옆집 여자의 출산, 직장 동료의 임신이라는 부담스런 현실에 가슴을 펴고 의연하고 당당하게 맞서길 바랍니다. 말처럼 쉽지는 않겠지만 싫어도 그리해야 하는 이유는 결국 난임 기간은 타인보다 더 많이 아이에 대해 고민하고 준비할 수 있는 시간이 될 것이기 때문입니다.

제가 근 십 년이라는 시간을 아이 없이 지내지 않았다면, 보통의 경우처럼 자연스럽게 아이를 가졌다면 이 장 뒷편의 마인드맵처럼 아이의 모든 것에 대해 나만의 방식으로 기록을 남기겠다는 생각은 하지 못했을 것입니다. 그렇듯 난임은 '아이를 가진다는 것'에 대해 지극히 사소하고 일상적인 부분까지 유독 신경을 쓰게 하고 감사하게 만드는 구석이 있습니다.

여느 부부가 내가 부모가 '되면' 할 때 난임부부들은 내가 부모가 '될 수만 있다면' 합니다. 이는 부모가 된다는 것 자체가 주는 '가치'를 뼈저리게 깨닫고 있다는 말도 될 테지요. 이렇게 다른 관점에서 세운 이런 각오와 계획들은 남다를 수밖에 없기에 남들은 아무렇지도 않을 소소한 일상이 난임 부부에게는 더더욱 소중해지는 것입니다.

관점을 바꾸는 것이 말처럼 쉽지 않지만 그런 소소한 소중함을 '느리게' 쌓아 두는 시간이 난임을 겪는 시간이라고 '억지로라도’ 생각해야만 합니다. 저희에게도 말처럼 쉬운 일은 아니었지만, 그래서 더더욱 감히 조언을 하게 됩니다.

부디 그 어디에도 숨지 마세요.

난임은 단지 아이를 준비하는 시간이 길 뿐이고, 남들보다 더 간절하다는 것은 생각을 많이 한다는 의미라서 결국 적당한 선에서 아이에게 충분히 만족할 수 있도록 마음을 다독일 수 있는 좋은 기회가 될 것입니다. 이것이 당신처럼 아주 긴 시간 동안 난임의 고통을 겪은 저희가 해 줄 수 있는 유일한 위로이자 격려입니다.

난임 부부들이 많이 하는 말이 있지요? 조용히 되뇌어봅니다.

“나는 지금 지레 자괴감에 지지 않는 당당함으로 임신 바이러스 듬뿍 받았다!”

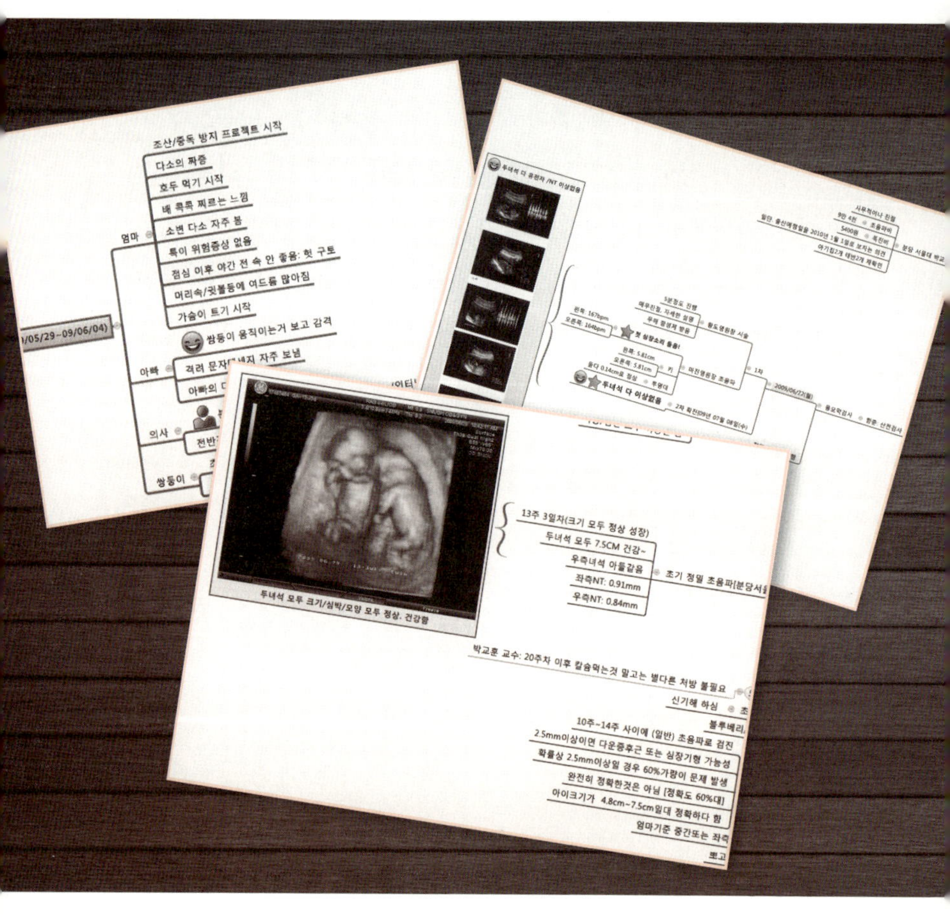

내 아이들의 모든 것을 기록으로 남기는 것은
부모의 성의나 자상함이 아닌
지난 세월에 대한 심적 자기 보상이 되기 때문입니다.

그 아이

'정 모모'라는 이름 석 자를 정확히 기억하지만, 그냥 '그 아이'라 하는 것이 좋겠네요. 그 아이는 일 년 내내 똑같은 옷을 입고 똑같은 머리를 하고 똑같이 백치 같은 웃음을 짓던 아이였습니다. 한여름에도 체크무늬 모직 남방을 입은 탓에 늘 코끝에 땀이 송글송글했고, 워낙 익숙한 모습이라 그 아이에게 그런 옷차림은 당연한 일처럼 느껴지곤 했지요.

만약 우리가 '선택할 수 없는 불행'이라고 부를 만한 것이 있다면 자신의 의사와 상관없이 잘못된 부모를 만나게 되는 일도 포함될 것입니다. 그리고 그 아이가 선택할 수 없는 불행을 겪었다는 것은 계절과 깨끗함과는 전혀 멀게 입고 다녔던 한 종류의 옷뿐 아니라 가끔씩 얼굴에 묻어오는 멍 자국으로 짐작할 수 있을 터였습니다. 그 아이가 워낙 조용한 탓에 초등학교 4학년 내내 같은 반으로 지내 오는 동안 특별한 인상을 받지는 못했음에도 너무도 생생하게 그 아이를 회상할 수 있는 것은, 엄마 없이 주정뱅이 아빠와 홀로 살던 초등학교 4학년, 열두 살 여자아이가 - 내 나이 마흔이 넘은 지금, 그때를 돌이켜 보면, 세상에 얼마나 어린 나이인가요? - 어느 날 아침 그 아이의 검은 얼굴과 확연히 대비되는 하얀 점보지우개를 잘게 뜯어 먹어 버리는 '묘기'를 보여 주었던 사건 덕분이었습니다.

그날, 그 아이는 아마도 장난기와 경악이 적절히 버무려진 표정을 짓고 있었을 우리에게 포위당한 채 수줍고 어색하며 언뜻 바보스럽기도 한 웃음을 지으며 연필심 묻은 지우개 조각을 한 개씩 뜯어내어 꿀꺽꿀꺽 삼켰습니다. 당황스럽고 놀라웠던 그 순간만큼은 단연코 그 아이가 주인공이었습니다. 그리고 저는 몇몇이 가져온 그림 카드나 구슬 따위는 그 기묘한 행동의 적수가 되지 못했던 십여 분 동안 그 아이의 얼굴에서 딱히 정의하기 힘든 미묘한 감정, 평온함과 안도감, 긴장과 걱정이 버무려진 느낌을 받았습니다. 저도 모르게 그 아이의 표정을 빤히 쳐다보며 '쟤가 지금 뭔가 있구나.' 정도 되는 생각을 했던 기억이 지금도 또렷합니다.

상식적으로 늘 조용했던 아이가 뭔가 특별한 행동이나 양상을 보여 준다면 그것이야말로 '이상 징후'임에 틀림없겠지요. 하지만 열두 살 즈음의 우리는 그것을 깨닫기에는 너무 어렸고, 천진난만했으며, 또한 그 아이의 '변화'가 주는 의미에 대해 생각해 볼 만큼 조숙하지도 못했었지요. 슬픈 일이지만 우리는 너무나 이기적일 수밖에 없었기에 그저 그 아이의 괴상한 행동에 '환호'했을 뿐이었습니다.

대부분의 큰일들이 벌어지기 전에는 그 일을 상징하는 어떤 징조가 미리 보인다고 합니다. 그때도 그랬습니다. 그 아이가 난데없이 지우개를 삼키기 며칠 전 한 남자가 끔찍하고 큰 소리로 고함을 치며 한창 수업중인 교실로 뛰어 들어온 날이 그 첫번째 징조였을 것입니다. 그 고함소리는 마치 동네 잔치에 애꿏게 배가 갈리는 돼지의 외로운 비명같았습니다.

"우리 딸 어디 있느냐?"

드르륵 쾅! 하는 여닫이 교실문이 내지른 비명보다 더 큰 고함에 깜짝 놀란 제 앞의 아이가 감전된 토끼처럼 어깨를 움찔하고 움츠렸습니다. 아마 저도 그와 다르지 않았을 것입니다. 그 사람은 대낮부터 주체할 수 없을 만큼 취해 비틀대며 다 떨어진 군화를 신은 채 우리 앞에 섰습니다. 선생님은 당황스런 얼굴로 누구를 찾는지, 무슨 일인지를 물었지만 그 사람은 선생님의 질문에 아랑곳하지 않고 그저 "우리 딸…… 우리 딸……" 하며 중얼거렸습니다. 교실은 이내 충격과 공포에 휩싸이게 되었습니다. 그때 누군가 "아부지……" 하며 떨리는 목소리로 그 남자를 불렀습니다. 그 아이였습니다. 그 사람을 감당하기 힘들었던 선생님은 그 아이를 불러 집으로 '잘' 모시고 가라며 조퇴를 시켜 주었습니다. 늘 말없이 백치같이 웃기만 하던 그 아이는 또 한 번 우리에게 익숙한 웃음을 살며시 짓고는 자신이 입은 낡은 입성처럼 닳고 닳은 군화와 그에 견주어도 될 만큼의 더러운 때가 끼고 구멍이 난 카키색 티셔츠를 입은 아버지의 검고 굵은 팔뚝을 다정하면서도 조심스럽게 양팔로 감싸 안 듯이 붙잡았습니다.

하지만 그때까지도 그 남자는 마치 온 교실을 알콜 냄새로 채우려는 막중한 사명을 가진 사람처럼 크게 한숨을 여러 번 쉬고는 멍한 눈으로 자신의 팔을 붙잡고 서 있던 그 아이를 가만히 바라보았습니다. 잔인한 시간이었습니다. 분명 아버지가 미친 듯 날뛸까 봐 걱정을 했을 그 아이의 표정이 거의 울듯 절실해졌습니다. 교실에는 무거운 침묵이 흘렀고 우리들은 공중그네의 마지막 회전을 보는 관중의 심정으로 숨죽인 채 그 장면을 바라봤습니다. 다행스럽게도 그 남자는 그 아이의 간절한 요청에 응답하듯 울먹이며 중얼거렸습니다. "우리 딸 집에 가자…… 그래 가자" 그리고 그 어린 딸아이의 부축을 받으며 천천히 밖으로 나갔습니다. 그때 우리가 정확히 어떤 느낌을 공유했는지는 잘 모르겠지만 그 아이의 희생으로 얻은 상대적 안도감만은 확실했습니다. 저런 일이 내게 벌어진 일이 아니어서 진심으로 '다행'이라는…….

얼마 후 그 아이 동네에 산다는, 보라색 꽃무늬, 흔히 '몸뻬'라고 불리는 일 바지를 입은 아주머니가 며칠 전 그 아이 아버지와는 전혀 다르게 소리를 치지도, 술을 마시거나 비틀대지도 않고 학교로 찾아왔습니다. 아주머니는 수업 중이던 선생님께 뭔가를 자분자분 이야기했습니다. 수업을 멈춘 채 한참을 복도 밖에서 이야기를 나누던 선생님은 긴장된 표정으로 주정뱅이 아버지가 쳐들어온 날처럼 그 아이를 불러 조용히 뭐라 말하고는 조퇴를 시켜 주었고 그 아이는 바람이 모두 빠져 늘어진 풍선처럼 무표정한 얼굴로 조용히 아줌마를 따라 나갔습니다. 또래 여자

아이들이 "얘, 이제 그만해"라고 말할 때까지 꿀꺽 지우개를 삼키던 날 새벽에 그 아이는 고아가 되었다고 합니다. 그 전날, 그 전전날, 그 전전 전날과도 아마 다르지 않았겠지만, 술독에 빠진 채 잠이 들었던 그 아이의 아버지는 끝내 잠에서 깨어나지 못했다고 했습니다. 그리고 아침밥을 차려내고 아버지를 깨우려고 애를 썼던 그 아이는 여느 때와 다름없이 늘 입던 옷을 스스로 차려입고, 늘 그렇듯 헝클어진 머리로 학교에 와서 갑자기 지우개를 뜯어 먹었던 것이었습니다. 그 어느 때보다 백치같이 웃으며 말이죠.

인간은 심한 충격을 받으면 이전과 다른 어떤 괴이한 행동을 하기 마련이라는 사실을 생각해 보면, 그 아이는 감당하기 어려운 자신의 충격을 지우개를 뜯어 먹는 것으로 표현했고 그걸 통해 우리들에게 '구원'을 요청한 것이 확실했지만 이미 말했다시피 당시의 우리는 그 아이를 이해하기에 너무나 어렸고 천진난만했으며 또한 이기적이었기에 그 아이의 선택할 수 없는 불행이 주는 비호감을 빌미로 차라리 맘 편히 무관심했는지도 모르겠습니다.

그렇게 한동안 학교에 전혀 나오지 않았던 그 아이가 늘 입고 다니던 구멍 난 체크무늬 남방 대신 새하얗고 예쁘게 레이스가 박힌 블라우스와 젓가락같이 앙상한 다리에는 그다지 어울리지 않지만 이전과는 확실히 다른 아이로 보이게 만드는 깨끗한 멜빵 치마를 입고 나타났습니다. 그리고 선생님이 그 아이의 기구한 인생을 담담히 설명해 주었습니다. 아버지가 죽어 돌봐 줄 사람이 없는 탓에 며칠 옆집에 얹혀살았는데 그 소식을 늦게 들은 친척이 찾아왔고, 그 친척 아주머니가 새어머니가 되어 주기로 해서 오늘 어딘가로 전학을 가게 된다는 것이었습니다. 선생님이 자신의 인생을 지나치게 세세하게 설명할 때 우리들 앞에서 다소곳이 손을 모으고 있었던 그 아이는 뭐랄까 부자연스럽긴 하지만 과히 나쁘지 않은 무대에 선 듯한 표정으로 우리들을 찬찬히 바라보았습니다. 그리고 선생님이 마지막 인사를 할 기회를 주자, 그 아이는 예전같이 백치 같은 웃음을 살짝 보일 듯 말 듯 어색한 표정으로 머뭇거리다가 들릴락 말락 '친구들아 잘 있어' 하고 수줍게 말하고는 감정이 복받친 듯 혼자 울음을 펑하고 터뜨렸습니다.

아! 그 순간 아이는 어쩌면 그 아이의 로망이었을 다른 아이를 생각했을지도 모르겠습니다. 매일 아버지가 태워다 주는 차로 통학을 하고, 늘 깨끗한 꽃무늬 원피스와 하얀 스타킹을 입고, 매일 아침 엄마가 정성스레 가르마를 타고 곱게 땋아 주는 윤기 나는 머리털을 가졌으며 그 아이와는 다르게 지우개를 삼키지 않아도 모든 아이들이 좋아해 주었고 자신의 이름보다 백배는 예쁜 '이미라'라는 이름까지 가졌던 친구가 전학 가던 날처럼 누군가는 떠나는 자기를 위해 한 번쯤 같이 울어 줄 것이라 기대했는지도 모르겠습니다. 하지만 초등학교 교실, 기껏해야 십여 미터 거리에서 같이 밥 먹고 배우고 놀았던 이미라와 정모모의 운명이 왜 이토록 불평등해야 하는지 그 누구도 이해하지 못했고, 누군가 설명해 주지도 않았으며, 그것을 깊이 생각할 이유도 없었던 우리들은 시골 초등학교 6년 내내 한 개 반, 서른 몇 명으로 유지되는 친밀한 '같은 반' 친구들임에도 불구하고 정모 모의 로망을 위해 거짓 울음을 내기에는 너무나 어리고 순진하며 지극히 이기적이었던 탓에 아무도 그 아이를 위해 울어 주지 않았습니다.

지금 생각해 보면, 우리가 그렇게 무심한 태도를 보일 수 있었던 것은 그 아이가 밉거나 그 아이의 눈물이 전혀 의미가 없었다기보다 어떤 아이라도 두려워하지 않을 수 없는 '선택할 수 없는 불행'을 가진 그 아이와 심정적으로 가까워서는 안 된다는 본능적 방어 기제가 크게 한몫했을 것이라 믿습니다. 그 아이는 여전히 흐느끼며 밖에서 기다리던 새엄마의 손에 이끌려 무심한 우리들로부터 탈출했고 그날 뚝뚝 흘린 눈물이 얼굴을 타고 그 예쁜 블라우스에 떨어질 때 흘끗 눈물을 훔치는 그 아이의 주먹 쥔 손이 몹시 작고 서러웠습니다. 자그맣고 이제는 하얀 주먹. 그 주먹 안에는 점보지우개를 갈라 먹어야 했던 절박함은 더 이상 없었지만 그래도 왠지 모를 서러움이 쥐어진 그 주먹. 어쩌면 두 번째 '구조 신호'를 주었음에도 응답을 받지 못한 서러움을 간직했을지도 모르는 그 아이의 주먹과 그 주먹만큼 외로운 눈물과 그 외로운 눈물만큼 안쓰러운 불행을 홀로 감당해 내야 했던 아이. 그렇게 제 인생에서 감쪽같이 사라졌던 그 아이가 막이 내려진 무대에 짠하고 갑자기 조명이 켜지듯 제게 불쑥 나타났습니다.

오늘 무릎에 앉아 뜻 모를 뭔가를 웅얼대는 딸아이를 안고 솜

털같이 부드러운 머리칼을 쓰다듬다 우연히 본 딸아이의 주먹이 그날 그 아이의 슬픔을 훔치던 주먹과 너무나 비슷해 깜짝 놀랍니다. 그 슬픈 기억 속의 아이가 불현듯 떠오르고 마흔 살의 감상으로 스멀스멀 배어 나오는 뜨거운 안쓰러움에 딸아이를 까닭도 없이 힘껏 안아 주며 다독입니다. 수십 년이 지나고 아빠가 된 후에야 초등학교 4학년 열두 살, 그 어리고 연약한 아이가 홀로 경험했을 외로움과 슬픔에 대한 공감이 그렇게 가슴 한구석에 메아리치는 것이었습니다.

그 아이는 지금 어디 있을까? 어떤 모습으로 살고 있을까? 지금은 진심으로 그 아이의 '신호'에 깊이 공감해 줄 수 있을 것 같은데, 그것을 해 주기에는 이미 늦었겠지 하며 까닭 모를 미안함에 잠든 딸아이를 한 번 더 살며시, 그러나 깊고 뜨거운 애정을 담아 안아 주었던 것입니다.

이렇게 부모가 되면 '나'가 아닌 '부모'라는 이름의 '공감'을 먹고 살게 되는가 봅니다.

내 아이의 가냘픈 주먹으로 그 옛날 그 아이의 서러운 눈물투성이 주먹을 떠올리면서 시공을 초월한 보편적 공감을 통해 말로 형언할 수 없는 애틋함을 느끼며 아이를 가슴에 안고 등을 쓰다듬어 주는 이유는 만약 그 아이처럼 지금 이 세상에 '선택할 수 없는 불행'을 홀로 감내하고 있는 아이가 단 한 명이라도 있다면 저절로 주어진 행운 덕분에 과할 만큼의 사랑과 부, 행복을 경험하는 어떤 아이들만큼은 아니더라도 기본적인 존중과 공감을 받고 자랄 수 있도록 해야 한다는 진리를 아빠가 된 후에 뒤늦게 절감했기 때문입니다.

아~ 초치는 소리를 하고 싶지는 않지만, 내 아이들만이 아닌 '우리' 아이들에 대해 공감하는 것. 그것조차 못한다면 우리 부모들의 인생이란 것이 정말 값싸고 슬프지 않겠습니까?

*

톡톡에 이 글을 게시했을 때 많은 댓글이 달렸는데 그중 하나가 크나큰 감동을 주었습니다. "아이들은 언제나 눈물겹다."라는 말이었는데, 아빠가 된 이후 아이들을 바라볼 때마다 느꼈던 감정을 대단히 강렬하고도 짧게 표현해 주었기 때문입니다.

그 댓글을 그대로 적어 봅니다.

좋아요_　　"아이들은 언제나 눈물겹다."는 말을 자주 씁니다. 너무나 행복해 할 때 조차도……. 예전에 까치머리를 한 꼬마 남자아이가 꾸부정한 할아버지의 손을 잡고 말없이 걸어가는 뒷모습을 볼 때 왠지 모르게 가슴이 먹먹해 오던 그런 경험이 떠오릅니다.

이 글을 쓰는 중에도 그런 '눈물겨움'이 만개하는 세상에 살고 있음을 절감합니다. 어느 국제 중학교에서 합격에 충분한 점수를 받았음에도 결국 탈락한 아이 중 다섯 명이 보육원 아이들이었다는 이야기를 들었을 때 대한민국에서 아이를 키우는 부모 입장에서 크나큰 심리적 불편함을 느낍니다. 그런 사회적 부당함은 그 아이들 스스로 원하지는 않았을 '선택할 수 없는 불행'으로부터 비롯되었고, 그 아이들의 잘못이 아님에도 불구하고 결국 그 아이들이 평생 반복해 경험하고, 홀로 짊어지고 가야 할 수많은 고통스런 굴레 중 단 하나의 사례일 뿐이라는 생각 때문입니다. 그 일은 우리 아이들도 앞으로 세상을 살아가며 어떤 형태로든 겪을 수 있는 일이기 때문에 아주 괴이한 불쾌감을 주는 슬픈 일입니다.

부모인 우리가 공정하며 깨끗한 세상을 꿈꾸는 까닭은 그런 부당함이 도덕적으로 옳지 않다는 것 때문만이 아니라 훗날 우리 아이들 또한 그런 상황을 겪을지도 모른다는 〈가능성〉에 대한 두려움 때문일 것입니다. 그래서 부모들은 이전보다 더더욱 사회적이고 정치적일 수밖에 없을 것이고 그래서 이런 일에 더 큰 분노를 느끼게 되는 것이겠지요. 그리고 그런 것을 우리는 '바람직한' 사회적 부모라 부를 것입니다.

저는 내 아이만이 아닌, 모든 아이들을 위한 사회적 관점을 가지고 우리 사회의 '승자 독식 프레임(Frame)'에 대해 같이 걱정하고 분노하는 '사회적 부모'와 늘 함께하고 싶습니다.

가능성의 릴레이

　나이를 조금 더 먹고 자식을 두니 때로는 다른 시각으로 세상을 보게 됩니다.

　주말에 수원 인계동 뉴코아 백화점에 갔는데 건물 안 주차장이 협소해서 지하 5층까지 내려가야 했습니다. 지하 주차장 곳곳에서 학생으로 보이는 많은 젊은 남녀들이 주차 가이드를 하고 있더군요. 좁고 깊은 주차장이 여러 층이어서 그런지 차에서 내리자마자 참기 어려운 자동차 매연이 코를 찔렀습니다. 그 학생들은 이 후덥지근하고 매캐한 냄새가 가득한 어항 같은 주차장에서 하루를 보낼 터였습니다. 생각이 많아지더군요.

　90년대 초반 학번인 저는 몇몇 사정 때문에 대학 1학년 여름방학때부터 산업공단에서 보일러 배관의 석면을 벗겨내는 아르바이트를 했습니다. 그건 제게 아주 고마운 일이었습니다. 공장들은 여름휴가 기간에 기간 시설물 보수를 많이 하는데, 대부분 2주 이내에 일을 몰아서 해야 했기 때문에 새벽부터 밤까지 내리 일하는 대신 일당은 여느 공사장에서 일하는 것보다 훨씬 많았기 때문이었습니다.

특별한 기술이 없었던 제가 주로 한 일은 배관을 둘러싼 석면과 그 석면의 겉을 싼 비닐 색테이프를 걷어 내는 일이었는데 그 일을 처음 시작한 날은 참을 수 없을 만큼 온몸이 따끔거렸습니다. 날씨 때문에 그런가 싶어 몇 번이나 샤워를 해서 더위는 가셨지만 대신 온몸이 더 따갑고 아파서 쉽게 잠을 못 자고 밤새 뒤척였던 기억이 납니다. 다음 날 한 친절한 아저씨가 찬물로 샤워를 하면 석면에서 묻은 유리가 몸에 더 박히니 꼭 뜨거운 물에 몸을 담가야 한다고 조언해주셨고 그 더운 여름날 뜨거운 물에 몸을 담그고 나니 거짓말처럼 따가움이 사라지더군요. 욕조에는 작은 유리 조각들이 별처럼 반짝반짝 빛나고 있었습니다.

한편 짧은 시간에 고수익을 주는 그 일만큼 국립대학에 다닌 덕분에 저렴했던 등록금도 행운이었습니다. 한여름에 테스트로 보일러를 틀었다 끄기를 반복하는 한증막 같은 지하실에서 노란 석면 가루가 지하실의 묵은 먼지와 함께 풀썩풀썩 휘날리는 것을 보면서도 너무 더워 마스크를 쓰는 것은 사치인 그곳에서 하루 12시간에서 16시간, 총 11일만 일하면 얼추 가을 학기의 등록금은 큰 걱정을 하지 않아도 되었기 때문입니다. 입사 후, 종종 '투자수익률(ROI, Return on Investment)'이라는 단어를 듣거나 쓰곤 했는데 그 용어가 나올 때마다 엉뚱하게도 저는 그 뜨거운 여름날, '최고 수준의 ROI'를 가능케 했던 고마운 지하실을 생각하곤 했습니다.

게다가 당시 제게 일을 주었던, 지금도 꽤 매출이 높아 성장세를 유지하는 그 설비 업체의 대표이면서 모교 선배이기도 한 분이 제게 베풀어준 특별한 배려도 있었습니다. 처음 일을 마치고 돈을 받았을 때 그날 온종일 머릿속에서 가계부를 쓰듯 계산했던 일당의 총액보다 5만 원이 더 들어 있다는 것을 알게 되었지요. 고민스럽더군요. 교과서적인 양심을 뒤집고 헤집느라 한참을 고민한 끝에 결국 돈을 되돌려 주러 갔습니다.

그리고 제가 제 양심을 속일 수 없었던 것처럼 '제발 잘못된 계산이 아니었으면 좋겠다.'는 바람도 숨길 수 없더군요. 조금 울고 싶은 생각도 들었습니다. 그런데 그때 기적이 일어났습니다. 그 5만 원은 중년의 설비업체 대표가 장거리 행군같이 고된 일정을 모두 채운 '학생'들에게만 주는 '깜짝 선물'이었던 것입니다.

저는 가끔씩 어느 이름모를 독지가가 소리 소문없이 관청에 쌀이나 돈을 두고 사라졌다는 기사를 볼 때마다 제 돈 봉투에 슬그머니 들어가있던 오만원이 주었던 기쁨을 생각하곤 합니다. 그 당시 이미 매출이 천억을 넘어서서 중견 기업으로 분류되던 그 회사의 사장님 입장에서는 사소한 배려였겠지만 제가 받은 행복은 결코 사소하지 않았었지요. 한 끼 천 원이었던 구내식당에서 밥을 먹으면 최소한 한 달 점심은 걱정 없다는 사실이 주는 '안도감'은 로또 당첨과 비길 만했기 때문입니다.

그날 집으로 돌아오는 버스에서 석면의 유리가 수없이 긁어냈던 제 살의 상처를 연신 손으로 문지르면서도 몇 번이나 봉투에 든 돈을 열어보며 행복해했던 기억이 납니다.

그때는 그랬던가 봅니다. 그때의 '어른'들은 일하는 학생들에게 뭔가 좀 특별한 '기특함'이랄까, '애틋함'이랄까 그런 식의 친밀감 비슷한 감정을 깔고 계셔서 그런지 많은 배려가 있었습니다.

어느 공장의 정수탱크를 청소하러 갔을 때 산업안전팀 과장이라는 사람이 나와서 "학생, 거기서 떨어져 죽으면 우리가 골치 아프니 조심해." 하고 심드렁하게 이야기했을 때, '학생의 생명은 나의 골칫거리 수준'이라는 잔인한 정의를 내린 그 사람에게 제가 느낀 '인간적 서운함'은 매우 희귀한 일이었습니다. 대부분의 어른들은 제 각각의 상황과 자신들이 할 수 있는 범위 안에서 최대한의 사회적이고 인간적인 관대함과 관용을 보여 주곤 했습니다. 지금 생각해보면 그런 공감대와 배려는 절박하고 간절하며 위태로웠기에 쉽게 무너질 법했던 저의 새파란 20대의 청춘이 지치지 않고 깨지지도 않으며 때로는 더 의연하게 버틸 수 있게 도와준 큰 힘이 되었습니다.

그것은 아마도, 그 어른들이 베풀어 준 배려와 함께 조금만 노력하면 등록금이 충당되고, 또 조금만 노력하면 반년치 하숙비가 채워지며, 거기에 조금만 더 노력하면 여자 친구와 한 번쯤 찻집에서 데이트를 할 수 있는 사회적 환경이었기 때문에 가능한 일이었겠지요. 조금만 더 견디고 버틴다면 더 나은 상황이 나를 기다리고 있다는 "가능성의 힘"이 주는 안도감이라니……　SK텔레콤의 〈가능성의 릴레이〉라는 말을 들을 때마다 드는 느낌도 그런 것이었습니다.

만약 당시 제 등록금이 지금처럼 온갖 '발악'을 해도 충당할 수 없을 정도로 비쌌다면 저의 유리잔 같았던 20대는 어떻게 되었을까요?

늘 실력보다 ‘운(運)’이 좋았던 저는 졸업하던 해를 빼고 매년 여름 방학 때마다 그런 일을 할 수 있었습니다. 그런데 나중에 폐 CT를 찍으니 큰 문제는 없지만, 폐에 작은 결절이 있고 그 결절은 폐렴이 아니라면 주로 일하는 환경에서 비롯된 문제일 수 있다는 이야기를 듣게 되었지요. 입사 후 내내 사무실에서 일했던 저는 뜨거운 여름을 더 뜨겁게 달구었던 그 보일러실에서 안개처럼 뭉게뭉게 올라오던 석면 가루가 원인 아닐까 하는 생각을 줄곧 했었습니다. 그런데 한때 석면을 마시며 하루를 보냈던 저처럼 매연을 마시며 하루를 보내는 20대의 청춘이 그 주차장에 있었던 것입니다. 제 20대의 추억이 주는 상념이 잔인한 현실이 되어 제 앞에 다시 나타났습니다.

당시의 저를 상기하게 만드는 주차장의 그 학생에게 “학생, 마스크를 꼭 써. 돈 몇 푼 벌자고 몸 버리면 안 돼.” 하니, 그 학생이 잘 못 듣고 “죄송합니다.”합니다. 짐작 하건데 저렇게 반사적으로 튀어나오는 사과가 가능한 것은 차가 몰리면 아마도 많은 ‘어른들’이 애꿎은 그 학생들에게 화를 냈기 때문일 것입니다. 그건 사실 정체 그 자체 때문이 아니라 우리 어른들이 그보다 어른들에게 받아 왔던 관대함을 잊은 탓이겠지요.

“아니 학생. 마스크 꼭 쓰라고, 몸 상하면 안 돼.” 하니, 그제야 “고맙습니다.” 하는데 제 말이 그 학생에게 현실적으로는 큰 의미가 없을 것이라는 것을 저는 너무나 잘 알고 있었지요.

하지만 예전의 어른들이 제게 해주었듯 저 또한 그 학생들에

게 자신들을 지켜보는 "따뜻한 시선"도 있다는 것을 알려주고
싶었습니다. 그리고 한때 저 학생들의 위치에서 비슷한 일을 했
던 저로서는 그렇게 말이라도 해 주어야지 기분이 좀 나아질 듯
했습니다. 세상이 바뀌고 사회는 부자가 되는데 세상이 약자에
게 줄 수 있는 관대함은 더더욱 사라지는 것 아닐까 하는 생각
이 들어서 그런 말이라도 해 줘야 제 마음도 편하겠다 싶었던 것
입니다. 제가 받은 것이 있기 때문이지요.

언젠가 주유소 아르바이트를 했을 때 실수로 어느 젊은 트럭기
사의 바지에 기름을 쏟게 되었습니다. 옆에 탔던 젊은 여자가 번
개같이 차에서 내려 앙칼진 목소리로 화를 냈습니다.
"오늘 처갓집 인사 가는데 어떡해요!"
불을 뿜을 듯한 여자의 눈초리와 눈앞에서 왔다 갔다 하는 손
가락에 기죽어 사과와 함께 "세탁비 드릴게요." 하고 겨우 말했
는데 바지 끝을 잡고 기름을 털어 내던 아저씨가 삿대질하는 여
자 앞을 가로막았습니다. 그리고 제 눈 끝에 거의 닿을 듯 오락
가락하는 여자의 손을 가만히 잡은 후 조용히 말했습니다.
"나도 이런 일을 십 년을 했어. 그럴 수도 있는거야."
여자는 뭐라 하려던 말을 바로 멈췄고, 남자는 온화한 표정으

로 제게 돌아서고는 제 어깨에 가볍게 손을 대며 말했습니다.

"학생 괜찮아. 털면 돼. 기름 밥 먹는 사람이 기름 냄새나는 건 당연하지. 안 그래?"

그때 느꼈던 감정은 말로 표현하기 힘든 안도감과 따뜻하기 이를 데 없는 고마움이었습니다.

그런 고마움을 이제 제가 전해줄 때구나 싶었던 것입니다.

그런데 유감스럽게도 어른들로 인해 더더욱 운이 좋았던 제 이십 대의 세월에 이십 년을 더하는 동안 세상이 제일 잘 키워 지금의 이십 대에게 전해 준 것은 피할 길 없는 절박함과 극한 수준의 경쟁입니다.

만약, 요즘 대학생들도 제가 그 나이 때 그랬던 것처럼 견딜 수 있을 만큼만 고생하고 스스로 이겨 낼 수 있을 만큼만의 절박함 안에서 학업과 일을 같이할 수 있다면 얼마나 좋을까요? 아르바이트를 하더라도 긴 방학의 절반만 쓰고 나머지 시간에는 공부할 수 있을 정도의 등록금 수준이면 얼마나 좋을까요? 설령 그것이 생존의 문제라 하더라도 지나치게 경쟁적이고 치열하지 않고, 경험과 성취감 그리고 깨달음의 기회가 될 수 있다면 또 얼마나 행복한 추억이 될까요?

스펙과 등록금 문제가 이야기될 때마다 스스로 벌어먹고 살아야 했지만 힘들더라도 올바른 방법으로 그 일이 가능했던 제 입장에서 볼 때 공부를 하기 위해 공부 대신 일에 매몰되어야 하는 지금의 현실처럼 무섭고 헤어날 길 없는 악몽이 또 있을까 싶습니다. 공정한 분배가 없는 풍요 앞에서 냉혹함은 더 커질 것이고, 그런 극한 상황에 처한 아이들에게 관대함과 배려를 이어가라고 이야기하긴 힘들 것입니다.

최근 입사하는 신입사원들을 볼 때마다 저 친구들 중 몇몇은 내가 경험했던 것보다 훨씬 더 잔혹하고 극악한 환경에서 컸을지도 모르겠다는 생각을 합니다. 현실은 더 암울한데 기성세대는 청년세대가 하고 싶어도 할 수 없는 교과서적인 도덕과 현실감 없는 가치만 전해주고 있다면 이는 거의 고문에 가까운 고통을 주는 것일 텐데……하는 도의적 안타까움도 매우 큽니다.

일생에서 가장 아름다울 수 있는 이십 대의 낭만이 사라지는 것은 한 시대의 상실이고, 기성세대의 불찰일지도 모른다는 생각을 하는 것은 지금 세상은 개인의 노력만으로 되는 세상이 아님을 잘 알고 있기 때문입니다. 그럼에도 불구하고 여전히 개인의 노력만으로 성공을 강요하는 데 익숙한 수많은 부모들과 실패를 개인의 노력 부족으로만 치부하는 여느 기성세대들처럼 저 또한 저도 모르게 그 '시류(時流)'를 똑같이, 별다른 죄의식도 없이 타고 있음을 불현듯 깨닫습니다.

그래서 저는 요즘 세대들에게 특히 더 막중한 부채 의식을 느낍니다. 지금 청년 세대가 낭만을 상실한 세대임이 확실하다면 기성세대의 정서적 여유와 관대함의 상실도 그 낭만의 상실에 크게 한몫을 했을지도 모르는 일이니까요.

문득 앞으로 관대함과 여유가 더더욱 사라지고, 지지 않기 위

해 자신을 망쳐야 하는 극악한 세상에서 우리 아이들도 살아남
아야 한다면 그보다 무서운 일이 또 어디 있을까? 하고 생각했
던 그날. 매연이 가득한 백화점 주차장 모퉁이에 멍하니 선채
스스로 답답해진 가슴을 움켜쥐고 마냥 서 있었습니다.

그렇게 석면이 제 가슴에 점 하나를 찍었듯 제 심장에 두려움
이라는 점 하나가 찍혔던 것입니다.

*

수많은 육아서 들이 아이들의 감정과 감상, 모든 것을 정밀하
고 세밀하게 보듬어 줄 수 있는 부모의 바람직한 자세를 말합니
다. 그런데 대부분의 보통 부모들은 일에 치이고 경제적 문제에
치여 살게 되지요. 목적지도 모른 채 마냥 달려가야 하는 절박
함을 가진 부모들에게 사회적 배려와 안전망 없이 단순히 의지
치만 가지고 책에서 나오는 모범적 부모처럼 해야만 한다는 의
무감을 퍼붓는다는것 자체가 부모세대의 절박한 심정을 있는
그대로 표현한 것이라 생각합니다. 그리고 그 절박함이 지금의
청년 세대에게도 일정 정도 영향을 주고 있다고 생각합니다. 부
모와 자식 모두에게 그런 세상을 '살아 내야만' 한다는 것은 또
얼마나 큰 '불행'일까요?
　부모 먼저 일에 지나치게 매몰되지 않을 수 있는 사회적 분위
기가 조성될 수 있다면, 생각만 해도 행복해지는 삶이 있는 저

녁, 저녁이 있는 삶, 아이들과 함께하는 삶을 보낼 기회를 보다
많이 가질 수만 있다면 우리에게는 보다 더 많은 관대함이 생길
것이고, 그 관대함은 끊임없이 세대를 이어 갈 것이라는 기대감
도 함께 커지는 요즘입니다.

쌓이는 눈처럼 수많은 아이들의 재능도
세상에 쌓여 있을 법한데,

우리는 저 눈이 녹아 물이 되고,
급기야는 눈앞에서 사라지는 것을 보고도
아무렇지도 않은 척 살아가면서
애써 햇볕에 녹지 않는 '특별한' 눈만 찾아 다니는 것은 아닐까

요즘, 이맘때의 재능

　DIY 가구를 하나 사서 만들어 볼까 했습니다. 그 이야기를 들은 아내는 "저렴한 손재주로 괜한 낭비 마시오" 합니다.
　'아……. 손재주…… 손재주라니…….'
　아내는 그간 있었던 몇몇 수작업의 '실패'에 대해 마치 풍월을 읊는 서당 아이처럼 줄줄이 읊기 시작했고, 저는 서당 아이의 읊조림에 귀를 기울이는 서당개처럼 충실히 아내를 쳐다봤지만 실상 다른 생각을 하고 있었습니다.

　어느 초등학교나 다 그렇겠지만 각 학년마다 특히나 우습게 보이고 놀림을 받는 아이가 있기 마련이지요. 제 초등학교 시절에도 그런 아이가 있었습니다. 저는 버스가 하루에 세 번만 다니고 버스 없이 학교에 가려면 편도 3킬로미터를 걸어야 하는 시골 초등학교를 다녔는데 같은 반에 희한하게도 가마가 이마 위 근처에 하나 더 있어서 항상 그쪽 머리가 위로 솟아 있던 아이가 있었습니다. 아이들은 소가 핥아서 그렇다고 농담을 하곤 했습니다. 이름도 다소 촌스러운 데다 집도 '유별나게' 가난한 터라 놀림을 많이 받았던 그 아이는 저희 옆 동네에 있던 엽서에서

나 볼 법한 언덕배기의 작고 고풍스런 장로 교회 바로 아래 비탈밭의, 정말 다 쓰러져 가는 흙집의 외동아들이었습니다. 아버지는 동네에서 유명한 주정뱅이로 주사가 무척 심했고, 엄마는 인상부터가 순종적인 분으로 거의 말이 없었는데 그 아이네 집에 놀러 가면 그 작은 집이 놀랍도록 깨끗했던 기억이 납니다. 그리고 대부분 그런 상황의 아이들과는 다르게 그 아이는 허름하지만 깨끗한 옷과 외모를 가졌었는데, 그 당시의 대부분 아이들이 잘 씻지 않아서 목이나 손에 때를 달고 살았던 것을 생각해보면 그 아이보다 그 아이 엄마의 정성이 그걸 가능하게 했을 것입니다. 그 정성만큼 그 아이의 성격도 순하기 이를데 없었고 그 점이 그 아이가 '놀림감'이 되는 결정적 이유였을지도 모를 일입니다. 가난하며, 온화하고, 저처럼 공부를 못하고, 저와는 다르게 화낼 줄도 모르는, 마냥 선하기만 해서 그저 참기만 하는 그런 아이. 반편성이 거의 없는 시골학교여서 그 아이와 저는 꽤 오랫동안 짝으로 지냈고 덕분에 많이 친한 편이었지요. 저나 그 아이나 공부에는 그닥 관심 없었지만, 그 친구와 제가 확연히 다른 부분은 제가 멍하니 공상을 하며 시간을 '낭비'하는 쪽이었다면, 그 친구는 항상 뭔가를 쪼물딱쪼물딱해서 특색 있고 특별한 것을 만들어 내는 쪽이었다는 점이었습니다. 한번은 온종일 뚝딱대고 뭔가를 만들었는데 하교할 때 보니 물레방아더군요. 그런데 그 물레방아는 단순히 흉내만 낸 모형 물레방아가 아닌 물레방아 바퀴살을 선풍기 날개처럼 휘게 만드는 식의 대단히 창의적인 방식으로 '조합'이 되어 있었고, 또 너무나 정교해서 마치 실제로 방아를 돌리면 곡식이 한아름 쏟아져 나올 듯한 현실감마저도 주었습니다. 선생님조차도 물레방아를 보고는 수업중 딴짓을 한 것을 탓하지 않고 다음에는 뭣도 만들어 봐라, 뭐 해 봐라, 앞으로 조각을 하든지 뭘 하든지 잘하겠다고 말씀해주셨습니다. 그날, 그 아이는 무척 행복해했었지요. 칭찬이 아닌 '인정'을 받는다는 것의 기쁨. 하지만 그때는 시대도 그렇고, 상황도 그렇고, 인성이라든가 감성이라든가 하는 정서적 부분은 무시되는 경향이 만연했기 때문에 선생님도 그 이상의 도움을 주기는 힘드셨을 것입니다. 그 후에도 몇몇 신기한, 예를 들면 같은 자동차를 만들어도 뭔가 창의적이라 할 법하게 남들과는 다른 방법으로 뭔가를 끊임없이 만들곤 했는데, 친구들은 놀리는 것 하고는 별개로 그 아이의 솜씨에 많이 감탄하곤 했습니다. 다시 말해 그 아이는 요즘처럼 '영재'라는 단어를 쉽게 쓸 수 없던 시절에도 그야말로 영재로 보이는 그런 아이였습니다.

만약 상황이 조금만 더 좋았더라면, 그 아이의 '재능'에 누군가 좀 더 관심을 가졌더라면 그 아이는 한층 더 '괜찮은' 영재로 살아갈 수 있었을지 모릅니다. 하지만 세상은 그에게 그닥 녹록하지 않았고 초등학교 6학년 때 윤봉길 의사와 이름도, 얼굴도 비슷했던 선생님이 무슨 일인지 교실 앞에서 그 아이의 따귀를 때렸을 때 그 아이의 재능에 작은 관심이나마 보였던 덕분에 그 선생님을 무척 좋아했던 그 아이의 절망은 한층 더 컸을 것이고 그 일이 그 아이의 인생에 큰 영향을 주었을 것이라 믿습니다.

선생님에게 따귀를 맞은 그 아이는 화단을 데구루루 굴러서 떨어졌습니다. 그때가 딱 지금처럼 쌓인 눈이 얼어 있던 방학 중 비상소집일 즈음이었던가 봅니다. 저는 우연히 교실 창 너머로 그 장면을 봤는데 교실로 돌아온 아이가 전에 없이 몹시 서럽게 울었습니다. 그 아이는 더 큰 일에도 자신의 심정을 나타내는 일이 거의 없었기 때문에 저는 무척 놀랐었지요. 그 아이가 살던 동네의 다른 아이가 전해 준 이야기로는 그 며칠 전 그 아이가 '보는 앞'에서 술에 취한 아버지가 흉기로 어머니를 찔렀고(사실 제가 들은 것은 더 잔인하지만), 돈이 없던 어머니는 병원에서 대충 치료를 받고 집에 누워 계시기 때문에 그 아이가 쌀 씻고, 밥 짓고, 어머니의 병수발까지 혼자 다 하고 있었다고 합니다.

서러웠을 것입니다.

단순히 뺨을 맞아서가 아니라 내 인생의 시작은 왜 이 모양일까 하는 자괴감과 회한이 들었을 것입니다. 그리고 정둘 곳 없는 세상에서 선생님은 그나마 '좋은 어른'이기도 했을 텐데 그 믿음이 따귀 한대로 훨훨 날아가는 걸 보고 크나큰 상실감을 느꼈을 것입니다. 세상살이에 웬만하면 공감할 나이가 된 지금 초등학교 6학년 아이의 성장 수준을 고려할 때 그 아이가 그때 느꼈을 공포가 얼마나 컸을지 생각해 보면, '트라우마'라는 말은 이런 때 쓰여야 할 가장 적절한 말이었습니다. 그리고 그런 일을 겪을 때 느끼는 충격의 강도는 어른이든 아이든 서로 다르지 않을 테지요. 그나마 다정하게 자신의 재능과 꿈을 이해해주었을 두 사람 중 하나는 매를 맞고 드러누워 말을 못하고,

다른 한 사람은 따귀를 때렸으니 홀로 얼마나 외롭고 놀랐을까요? 그러나 그 시절은 애나 어른이나 '정서적' 관점은 쉽게 무시되는 때였으므로 그 일은 그냥 '있을 법한 일'로 치부되었습니다. 하지만 미뤄 짐작하건대 그런 일에서 생긴 충격은 없어지는 것이 아니고 감춰지거나 애써 모른 척할 뿐이어서 그 아이가 아무리 예전처럼 행동해도 심리적으로는 상당히 큰 '변화'가 있었을 것이라 믿습니다.

어쨌거나 제가 그 아이와 다른 고등학교에 입학한 이후에는 소식만 간간이 들곤 했는데 군대 가기 직전에 들은 그 아이에 대한 마지막 소식은 몇 번의 가볍지 않은 사고를 친 후에 고등학교를 그만두고 '보일러 기사'를 한다는 것이었습니다. 보일러도 나름 손재주가 필요한 것이긴 하지만 그 이야기를 들으니 그 아이의 재주가 얼마나 아깝던지 그 아이와 같이 공고에 입학했던 다른 친구도 그 아이를 생각할 때마다 그 재주가 너무 아깝더라는 말을 몇 번이나 했던 것이 기억납니다. 남들과 다른 독특한 특기가 있는 '달인'이 나오는 프로그램을 보면 틈틈이 재주를 살리는 사람들도 있으니 그 아이가 가진 재주가 정말 특별한 것이었다면 어떻게 해서든 그 능력을 발휘했을 것이라 말할 수도 있겠지요. 그런데 그건 말처럼 쉬운 일은 아닐 것입니다. 그 아이가 그 멋진 재능을 펼치기에는 지독히도 안 좋은 상황이었고 그 아이 스스로 그런 상황을 이겨 내는 것 자체가 큰 모험이요, 그러기에는 너무나 어릴 때부터 지나칠 정도로 가혹한 상황이었기에 꿈과 희망을 먹고 사는 재능은 그렇게 사그라 들었겠지요.

우리가 재능을 이야기할 때 '타고난다'고 이야기하곤 합니다. 그리고 그 타고남을 '물질'로 뒷받침해야 하는 것을 원칙처럼 생각합니다. 하지만 그 뒷받침은 물질이 아닌 '꿈'에 대한 '공감'이고 상황에 대한 '이해'로 정의되어야 한다고 믿습니다.

말콤 글래드웰의 『아웃라이어』에서는 비범함은 개인의 역량만큼 중요한 '사회'나 '가정'의 역할을 통해 완성된다 하더군요. 예컨대 '크리스토퍼 랭건'이라는 불세출의 천재도 결국 그 상황이 주는 심리적 장벽을 못 이기고 범인(凡人)이 된 것처럼 그 친구의 아까운 재능에 사회나 가정이 조금만 더 따뜻한 시각으로 세심하게 보살펴 줬더라면 우리 사회는 지금보다 더 뛰어난 발명품, 조각품, 예술 작품을 볼 수 있었을지도 모릅니다. 물론 그 아이의 재능이 정말 영재 수준까지는 아닐 수 있지만 그 아이처럼 '나름의 탁월'을 '최고의 탁월'로 만들지 못하고 사그라지는 솜씨와 재능들이 이 세상에 얼마나 많을까 생각해 보면 참으로 아깝습니다.

사회도 그렇고, 회사도 그렇고, 때로는 '잉여감'이 있는 재능이 얼마나 큰 재산이 될지 한 번쯤 생각해 볼 만도 하다는 생각이 듭니다.

오늘 문득 사무실 창문 너머에 그 친구가 굴러떨어진 화단 같은 언덕이 '눈 쌓인 채' 있는 것을 보니 더더욱 그런 생각이 듭니다. '쌓이는 눈처럼 수많은 아이들의 재능도 세상에 쌓여 있을 법한데, 정작 우리는 저 눈이 녹아 물이 되고, 급기야 눈앞에서 흔적도 없이 사라지는 것을 보고 아무렇지 않은 척 살아가면서 한편 애써 햇볕에 녹지 않는 '특별한' 눈만 찾아다니는 것 아닐까?'

결국 저는 손재주가 없음이 완벽히 증명되는 완제품을 사면서 사회와 회사의 구성원으로서 우리 아이들의 숨겨진 재능을 더 밝고 크게 만들어주는 사회적 환경과 우리들이 주어야 할 관심과 교감에 대해 깊이 생각하게 되었던 것입니다.

＊＊

이 글이 톡톡에 게시되었을 때 많은 댓글이 달렸습니다만 대부분 꼭 내 아이가 아니더라도 재능을 가진 아이들의 상실에 대해 공감해 주었습니다. 우리가 말하는 영재가 어떤 식으로 나타나는지는 모르겠지만 분명한 것은 극한 경쟁과 기계적인 학습을 강요하는 지금 이대로라면 우리가 말하는 영재는 충분히 많이 태어났음에도 우리가 원하는 영재로 남아 사회에 공헌할 수 있는 경우는 훨씬 더 적을 수밖에 없다는 것입니다. 정말 그렇다면 그건 우리 모두의 '잘못'임에 틀림없으며 또한 안타까운 일입니다.

톡톡에 보통의 부모가 보통의 아이들에게 '기대하는 것'에 대
해 적은 댓글이 있어 적어봅니다.

동감동감_ 매우 동감합니다. 저도 제 아이들에게 혹시나 그런 '무엇'이
있는지 늘 관찰하고, 이것저것 경험을 하도록 해 주려고 나름
애씁니다. 하고 싶은 게 없어서 공부의 길로 떠밀려 가기 보
다는 자기가 하고 싶은 일을 찾아서 필요한 공부를 하고 길
을 잘 찾아가게 되기를, 부모로서 그 길을 잘 뒷바라지할 수
있기를 간절히 바랄 뿐이죠.

그분, 그 사람, 그놈

"경청이란 하던 일을 멈추고 눈을 똑바로 바라보는 것"

톡톡 댓글 중에서

얼마 전 과천 서울대공원에서 자리를 깔고 쉬고 있는데 저희 바로 옆에 어느 가족도 자리를 펼치고 앉았습니다. 중학생쯤 되는 아들과 딸 그리고 엄마, 아빠였습니다. 그런데 한 평도 안 되는 돗자리에 앉은 내내 아들과 아버지는 놀랍도록 똑같지만 어색한 자세로 서로 다른 방향의 먼 산을 쳐다보며 한참 동안 말이 없었습니다. 그 어색함은 옆에 있던 저희에게까지 무안함을 줄 정도였고, 그만큼 둘 사이의 관계가 생경해 보였습니다. 엄마가 분위기를 풀려는 듯, "아들은 아빠에게 뭐 할 말 없어?"라고 말했지만 아들은 여전히 먼 산을 바라보며 아무런 말도 하지 않았습니다. 그러자 어색한 분위기는 한층 더 강도를 더해 제가 그 안에 있었다면 비명이라도 질렀을 만큼의 적막한 분위기가 꽤 오랫 동안 이어졌습니다.

한참 후 엄마의 눈짓을 받은 것인지, 아니면 제가 느낀 적막을 그 아버지도 참기 어려웠던 것인지는 모르겠지만 먼 산만 쳐다보

던 아버지가 아들의 등을 바라보며 "요즘 학교는 어떠냐?" 하고
물었습니다. 내내 아무 말 없던 아들은 그제야 고개를 먼 산에서
가족 쪽으로 돌리고는 좀 머뭇대다가 "그냥 그래요."하고 대답했
습니다. 그 대답은 짧았지만 그 나이 또래 사내아이와의 대화에
서 흔히 풍겨져 나오는 무기력감이나 마지못함은 느껴지지 않는
것이었습니다. 이어지는 대화를 만들기에는 충분해 보였지요.

그런데 아…….
이 빌어먹을 놈의 불통(不通).

일단 생김새 자체가 너무 닮아 모르는 사람도 부자지간이라는
것을 한눈에 눈치챌 법한 그 둘이 왜 저렇게 서먹할 수밖에 없
는지 알 듯했습니다. 아들이 "그냥 그래요."라고 말하자마자, 아
빠가 불끈하는 목소리로 "학교생활에 그냥이 어디 있어?" 하고
너무나도 퉁명스럽게 이야기했기 때문이었습니다.

SK케미칼의 인문학 산책에서 자연과 벗 삼은 삶으로 유명한
황창현 신부는 대화라는 것을 이렇게 정의했습니다.
"통(通)해야 말(語)이다."
통해야 말이 되고, 말이 되어야 유쾌한 대화가 되듯 통하지
않는 말로 불쾌감이 충분히 예상되는 대화를 억지로 해야 하는
것만큼 고통스러운 일은 없을 것입니다.
덕분에 잘만 했다면 긴 생명력을 가졌을 두 부자의 대화는 이

내 끊겼고, 다시 서로 다른 곳을 바라보기 시작했습니다. 주변의 공기는 냉랭함이 아닌 허탈로 바뀌었고 제 마음도 더불어 불편해졌습니다. 저도 미래에 '요즘 학교생활은 어떤지' 물어야 할 아빠이지만 질문을 한 그 아이 아빠보다 차라리 가만 있는 것이 더 수지맞는 장사였다고 확신했을 아들의 불편한 심사에 더 공감이 가는 것은 어쩔 수 없었습니다. 저 또한 회사에서 그런 일을 자주 겪기 때문입니다. 이를 테면 "고민 있으면 말해 봐." 해서 "이런저런 고민 있어요." 했을 때, "그래? 그런 고민이 있었어?"라고 말할 수만 있다면 이는 곧 공감이요, 경청의 출발점이 될 것입니다. 그런데 "고민 말해 봐."라고 해서 말하니 "그깟 게 무슨 고민이야?" 하는 말을 듣는다면 대체 어쩌란 말인지…….

이럴 때는 깊이를 알 수 없는 불통에 빠진 중학생과 아빠가 그랬던 것처럼 차라리 아무 말 없이 서로 다른 방향의 먼 산을 쳐다보는 것이 더 나은 일인지도 모르겠습니다. 최소한 현재보다 더 악화되지는 않을 것이기 때문이지요. 그리고 이런 때 단순히 "경청을 잘하냐, 못하냐?", 또는 "올바른 대화법은 이렇다."라는 것을 생각하기 앞서 가장 먼저 느끼는 기분은 아마도 '모멸감'일 것입니다.

정신분석가이자 정신과 의사인 빅터 프랭클이 말하던 60년 전의 '경험'이 지금 세상에도 통용된다는 것이 새삼 놀랍습니다. 강제 수용소에서 겨우 살아남은 그 의사는 인간으로서 가장 큰 모멸감을 느끼는 때는 자기보다 더 큰 권력을 쥔 사람이 상식에

벗어날 정도로 두드러지게 이율배반적이고 이중적인 행동을 할 때라고 했습니다. 이런 때 느끼는 모멸감은 삶의 의미를 다시 물을 정도로 깊은 번민을 준다고도 했습니다. 박사는 조금 전까지만 해도 동료 간에 서로 보듬고 챙겨주는 '신의'가 중요하다고 온갖 열변을 토한 '카포'라 불리는 간수가 돌아서서는 서로의 잘못을 지적하거나 고발하지 않는다며 체벌을 하는 과정에서 느낀 것이 바로 그런 모멸감이라 했지요. "고민 있으면 말해 봐" 해서 고민을 말하면 "그깟 게 무슨 고민이 되냐"고 타박하는 경우가 딱 그렇습니다. 그깟 것이 정말 경청이라면 안 하느니만 못한 일이겠지요.

요즘은 회사에서도 사회에서도 경청을 말하는 사람들이 많아졌습니다. 그런데 직원들 이야기를 "경청하겠습니다. 동료 간에도 경청이 중요합니다." 하시던 분이 전후 사정을 듣지도 않고 화를 낼 때 저는 그런 생각을 합니다.

'차라리 경청하겠다는 말이나 말 것이지.'

저도 맘 상한 그 중학생 아이처럼 먼 산을 쳐다봅니다. 그리고 생각합니다.

'아, 정말 대화하기 싫다.'

누군가 옆에서 상사와 저의 대화를 지켜보는 사람이 있었다면 분명 그 대화 '안 되는' 부자의 모습과 너무나도 흡사했을 것입니다. 그래서 저는 그 중학생 아이가 느낀 감정, 즉 '모멸감'을 공유하게 되었던 것입니다.

어쩌면 "나는 경청을 잘 못하니 핵심만 말해."하는 상사라면 차라리 '좋은 분'일지도 모릅니다. 말하는 사람이나 듣는 사람이나 경청의 대전제인 공감을 준비할 필요가 없을 테니까요. 그래서 결국 모멸감을 느낄 이유도 없게 되겠지요. 그게 아니라면 차라리 "경청하려고 하는데 잘 안 되니 지금은 이 정도까지만 하자."고 말해도 그냥 '좋은 사람' 정도로 머물수 있을 것입니다. 그런데 "나는 경청할 거야. 알았지? 맘 편히 말해." 라고 해 놓고 '그깟 것'이라고 말하여 굳이 모멸감을 줌으로써 부러 나쁜 사람이 될 일은 아닌 것입니다. 빅터 프랭클이 말한 카포의 불합리와 다를 바가 없는 상황입니다. 그리고 본의 아니게 카포가 된 그 중학생 아이의 아빠처럼 의도치 않게 서로를 불행하게 되는 것이지요.

어쩌면 그 아이는 명령보다는 질문에 훨씬 덜 익숙했기 때문에 어떻게 말을 시작해야 할지 몰랐을 수도 있습니다. 그래도 입을 아예 다무는 대신, "그저 그래요."라고 시작할 수 있었으니 조금만 잘했더라면 어색하나마 뭔가 나눌 수 있는 소통은 가능했을 법한데 그 소중한 기회를 한 방에 뻥하고 '우주 밖'까지 차버린 아빠 덕분에 아이는 영영 입을 다물지도 모를 일입니다. 어차피 자기 생각만 말할 것을 묻기는 왜 물어 하는 마음을 침묵으로 표현하게 되는 것은 어쩌면 당연한 일입니다. 저라도 그랬을 테니까요. 그렇게 경청이라는 그 좋은 단어가 실제로는 '형식적이고 그럴싸할 뿐인 나쁜 경험'이 되고 말 수도 있다는 것이 몹시 아쉽습니다.

유감스럽게도 저는 특히 회사에서 말하는, 좀 엄밀히 말하면

상하관계에서 말하는 "경청"이란 부분을 형식적, 자기 만족적, 표면적 보여 주기라는 인상을 가지고 있습니다. 한 번, 두 번, 세 번, 안 좋은 경험이 쌓이면 그렇게 되는 것이지요.

다시는 '소통'이라는 말에 속지 말아야지.
다시는 '경청'이라는 말을 믿어 주지 말아야지.

그것이 가정에서라고 다를 리는 없다고 생각합니다. 결국 우리가 할 수 있는 경청의 수준에 따라 부모는 아이들에게 '그분'에서 '그 사람', '그 사람'에서 '그놈'으로 변화하는 단계를 거칠 수밖에 없겠지요.

저는 제가 경청을 하지 못해, 경청을 하겠다 하면서도 실은 경청을 하지 않아서 아이들이 제게 '속았다'고 느낄까 봐 무섭고 두렵습니다. 회사에서야 그런 불통이 주는 모멸감은 애써 잊을 수 있겠지만 우리 아이들의 마음은 〈조각난 바위는 다시 붙지 않는 법〉이라는 어느 책 구절처럼 잊기 힘든 상처가 될 테니까요.

*

소통이라는 것, 경청이라는 것에 대해 저마다 할 말은 많겠지만, 톡톡에 이 글을 게시했을 때 어느분이 '경청'에 대해 명쾌하게 정의해주었습니다. 그건 제가 진심으로 하고 싶은 말이기도 했습니다.

그렇습니다. 아이들을 눈이 아닌 귀로 바라볼 수 있다는 것. 그래서 아이의 생각을 헤아릴 준비가 되어 있음을 보여 주는 것. 당연하면서도 멋진 일입니다.

치사해, 치사해

한밤 중에 국제 전화가 왔습니다. 다른 그룹의 동남아 어느 국가 주재원으로 근무하는 대학 동기였는데 술에 잔뜩 취해 있었습니다. 그 친구 회사에서 성질이 괴팍하기로 소문난 임원에게 사소하지만 물어봐야 하는 일을 물으니 들고 있던 녹차를 벌컥 마시고 종이컵을 공처럼 구겨 자기 머리를 향해 '톡' 하고 던지더랍니다.

"내가 그런 것까지 알려 줘야 해?"

세상 많은 일 중에, 사람 마음이 다 같지도 않아서 상사에게는 별일 아니더라도 부하 직원에게는 큰일로 보이는 일들도 많은 탓에 벌어지는 일입니다. 기분 같아서야 당장 회사를 때려치우고 싶지만 아이를 생각하면 그럴 수 없으니 대신 술을 마시고 몸을 때려치우기로 작정했던 것입니다. 학창 시절 탤런트 송승헌 분위기지만 송승헌보다 훨씬 더 멋졌던 그 친구가 전화기를 붙들고 한숨 반, 울음 반을 짓는 깃을 보니 마음이 좋지 않습니다.

전화를 끊고 늦은 밤 커피를 한 잔 마시며 박범신의 소설 『소금』을 생각합니다. 부두 노동자로 일하는 아버지가 동료와 상사에게 매일 모욕과 놀림을 당하며 잘 마시지도 못하는 술을 마시고 주사를 하면서 매일매일 "치사해, 치사해." 합니다. 그리고 대학생인 자식도 말 그대로 '치사한' 아버지의 인생을 팔아 대학을 다녀야 하는 처지가 또한 그렇게 치사할 수 없더라는 이야기도 나옵니다. 엄마는 직장 생활이 다 그런 거라고 말하면서도 치사함에 몸을 부르르 떨며 술주정을 하는 아버지에게 또한 "치사해, 치사해." 합니다.

저는 매우 운이 좋아서 그런 상사를 만나지 않은 탓에 그 상황이 주는 괴로움은 잘 모르겠지만, "사회가 '원래' 치사한 것이라면 세상에 모든 아빠들이 치사해질 것."이라는 박범신의 이야기는 정말 공감 가는 이야기입니다. 따지고 보면 차라리 조금 치사해지는것이 세상의 치사함을 이겨 내는 가장 좋은 '약'이 될는지도 모르겠습니다. 그것도 사실 치료제가 아닌 진통제일 뿐이겠지만요.

그런데 때론 조금 치사할 줄도 알아야 하는데 우리는 그걸 잘 못합니다. 최대한 올곧아야 한다고 배웠기 때문입니다. 그 올곧음에는 남자로서의 책임감도 있을 것입니다. 남자는 치사하면 안 되고, 아파서도 안 되고 울어서도 안 되며 늘 의연해야 하고 또한 언제나 굳건해야만 한다고 배워 왔으니까요. 그런데 남자도 남자라는 이름의 감정을 가진 인간일 뿐이지요.

 남자, 아빠가 되었을 때 🜄 눈물 1리터

스치듯 봤던 어느 이름 없는 영화에서도 그 이야기를 했습니다. 무척 살갑고 상냥했던 남자 친구와 데이트를 하던 여자가 차 안에서 흑인 갱의 총을 맞은 사건 발생했는데 남자는 부상을 입고 여자는 뱃속의 아이와 함께 죽어서 수사를 해 보니 범인은 흑인 갱들이 아닌 여자의 백인 남자 친구였다는 이야기였습니다. 도무지 그럴 만한 이유가 없어서 이유를 캐고 보니, '남성 산전(후) 우울증'이라는 진단이 내려졌다는 그런 이야기였습니다. 원래 주제는 수사심리학적인 관점의 이야기인데 저는 자꾸만 그 남자가 즐겁게 앞으로 낳을 아이에 대해 이야기하다 돌아서면서 표정이 일그러졌던 장면이 떠 올랐습니다. 저는 아이들을 가지고 나서 이십 년을 피우던 담배를 보조제 없이 바로 끊었는데, 사실 담배의 중독성 따위는 육아에 비하면 아무것도 아니었습니다. 금연은 말 그대로 결심하면 되는 것이지만 육아처럼 결심만 가지고 안 되는 것도 있더군요.

'육아'와 직장에서 '참아내기', 정말 쉽지 않은 것들입니다.

육아와 직장 생활의 저변에 깔린 책임감이라는 무게는 참으로 무겁습니다. 남자들에게 '자상하고 상냥하며 육아에 헌신적인 어떤 남자'가 적(敵)이 되는 이유는 질시나 자존심이 아닌 본능적으로 가지게 되는 아빠의 책임감을 필요 이상으로 자극하기 때문입니다. 대부분 잘하고 싶고 그렇게 해야만 하는 걸 잘 알지만 실제로는 아는 만큼 할 수 없고 할 상황도 안되어 애써 모른 척하던 '아빠로서의 책임감'을 귀신같이 들춰내니 (실제로는 정말 그런지 아닌지도 모를) 다른 남자의 '특별한' 자상함이 미울 수밖에요. (혹시 이책을 저자의 ‘자상함’으로 이해하고 남편을 들볶지는 말아주시기 바랍니다. 저도 여느 아빠와 다르지 않습니다.)

유감스럽게도 우리나라에서 남자들의 스트레스 관리에 대해 유일하게 내리는 처방은 ‘참아라’ 입니다. 참아라. 마치 “원래 치사한 게 사회”라 말하는 ‘소금’에서의 엄마처럼 쉽게 생각할 수 있다면 좋겠지만 가장이라는 책임감이 주는 무게를 참아내는 것은 말처럼 쉽지만은 않습니다. 두 아이를 동시에 자력으로 키웠던 아내와 저는 한동안 너무 우울해졌는데 개인적으로 외부 조력을 얻는 부분에 대해 큰 거부감이 없는 편이라 정신과를 찾았더니 몇 분 이야기도 안 했는데 의사가 내린 진단은 ‘조울감’이더군요. 그건 사실 정확한 진단이었습니다.

“아, 글쎄 우리 마누라도 환자분 나이 정도 되는데, 남자도 산후 우울감을 크게 느낀다고 하면 절대 안 믿는다니까요?”

표현을 좀 유려하게 하자면 책임감을 느끼는 ‘죄’라고도 했습니다. 그리고 그 죄 아닌 죄는 아이들과 가족에게 느끼는 책임감과 비례해 커질 수 밖에 없는 ‘우울감’을 의미하는 것이겠지요. 그처럼 좋은 직장인에게도 나타나는 것이 직장 우울증일 것입니다. 그 친구가 느꼈던 울화통은 사실 자존감의 상실 때문이 아니라 가장으로서의 책임감이 만들어 낸, 말 그대로의 ‘사회적 우울감’ 때문이었겠지요.

처음 기대와 각오와는 달리 아이들이 태어난 이후 그전에 가졌던 팔팔했던 '안 되면 되게 하라'라는 신념과 잘해 낼 것이라는 자신감은 파도에 휩쓸리는 모래처럼 흔적 없이 사라졌습니다. 그리고 그 자리를 대신해 자리잡은 것은 '불안함' 이더군요. 그래서 저도 한동안 참 우울했던 것 같습니다. 내가 없으면 이 아이들 어떻게 하지? 이런 막연함.

내가 아프면?

내가 실직하면?

오늘같이 아이가 아픈데 돈이 없다면?

그 어떤 이유로든 내가 제 역할을 못하면?

그렇게 얼마간을 우울하게 보내다 마음을 다 잡습니다. "그래! 최고가 아닌 최선의 아빠로 살자."

그리고 이내 치사한 자기 위안으로 더 치사해지기로 합니다.

"부모는 언제나 그자리에 있었다. 수만 년 전부터 육아는 있었을테고 모르긴 몰라도 사냥 생활에 따른 스트레스도 만만하지 않았을 것이다. 생존 그 자체가 최종적인 목적이 되지 않는 최근에 태어나 문제가 복잡해졌을 뿐 육아와 가장의 책임감과 본질적인 아빠의 역할, 엄마의 역할, 가장의 역할 그 자체는 언제나 그 자리에 있었을 것이다. 나는 그 역할을 온전히 수행했던 수 많은 사람들 중 하나일뿐이다."

그렇게 생각하니 마음이 좀 편해지기도 합니다. 유사 이래, 그 어떤 부모도 육아를 쉽게 하진 않았을 것입니다. 그래서 그냥 '소금'에서의 엄마처럼 생각해 봅니다.

육아는 '원래' 힘든 것이다.

직장 생활은 '원래' 힘든 것이다.

이 지구상에서 생명을 가졌던 인간 수십억 명이 겪은 일상일 뿐이다.

이 말이 우울감을 조금 씻어 주는 듯 합니다.

완벽하지 않아도 멋진 것

어떤 사원이 자신은 다른 동기들에 비해 너무 부족한 것 같다고 고민을 합니다. 완벽하게 사는 법을 알고 싶다고도 했습니다. 그런데 그 이야기를 듣고 가장 먼저 든 생각은 생뚱맞게도 누구에게나 특별히 '사랑' 하는 풍경이 있다는 것이었습니다. 사랑까지는 아니더라도 유달리 편안하고 좋은 장소가 있을 테지요. 동남아의 어느 나라에 근무할 때 제게도 그런 곳이 있었습니다. 그 근처에 갈 때면 늘 기분이 좋아지고 식욕도 돋워지는 흐릿하지만 아주 좋은 희한한 향기가 있는 작은 거리였습니다. 설령 그 전에 기분이 안 좋았더라도 출근길에 차를 세우고 거리를 바라보면 벌써부터 기분이 좋아지기 시작했고 그 거리 앞에서부터 대로로 나가는 사이까지 걷는 동안 기분이 한결 풀리는 청량감을 느끼곤 했습니다. 워낙 공기가 안 좋은 동네이고 습도도 높아서 아침에 자욱하게 안개가 끼곤 했는데 그 사이로 아주 좋은 향기기 나곤 했지요. 처음에는 그 거리에 들어서면 기분이 좋아졌지만 나중에는 그 거리 초입에 있던 이천 년 되었다는 넝쿨나무만 생각해도 기분이 좋아지곤 했습니다. 한번은 그 거리를 보는 제 심정을 당시 근무하는 다른 주재원과 현지인에게 말한 적이 있는데, 주재원뿐 아니라 현지인조차도 “그게 무슨 말도 안 되는 헛소리냐. 매연투성이인데.” 하고 어처구니없어 했지만 저는 분명히 다른 거리와 다른 뭔가가 있을 것이라 믿었습니다.

그러던 어느 날. 마침 그 거리 근처에 온 김에 그 향기의 정체를 찾아나 보자 싶어 전에 가 보지 않은 거의 미로 수준이라는 아랍의 골목과 몹시 닮은 꼬불꼬불한 골목을 탐색하다 결국 손바닥 만한 구멍가게를 발견했습니다. 말 그대로 손바닥만 해서 대여섯 명이 앉을 만한 작은 회의실 크기의 가게였습니다. 그곳에 가까울수록 그전에는 흐릿한 흔적만 보이던 냄새가 점점 진해지더니 저를 언제나 기쁘게 하던 그 향기가 제법 솔솔 나더군요. 그곳은 잘 알려지지는 않았지만 그 나라의 특산품 중 하나인 커피의 원두를 볶는 집이었고 제가 그 가게에 들어섰을 때도 발로 페달을 밟아 돌아가는 원통 안에 커피 원두가 한가득 볶이고 있었습니다. 도자기를 빚을 때 발판을 돌리듯 기계가 아닌 사람이 페달을 밟아 천천히 통을 돌리고 나무 주걱으로 섞어 볶는 커피와 그곳의 분위기는 우리 마누라가 저를 달달 볶을 때와는 전혀 다르게 조용히, 격렬하지 않고 차분했습니다.

“바로 이것이었어! 이 냄새야! 이 맛이야!”

문을 처음 열었을 때 그 강렬한 커피 향기가 막 문으로 빠져

나가는 느낌이 너무 아까워 인사도 안 하고 얼른 문을 닫았습니다. 통을 돌리던 아저씨와 그 옆에 서 있던 아줌마는 손을 멈추지 않고 쳐다보며 인사를 했습니다.

"향기가 너무 좋아서 왔는데 살 수 있나요?"

아저씨는 기분 좋은 표정으로 "정말 사려면 맛을 보고 사야지." 하며 커피 가루를 내왔고, 거름종이를 걸쳐 내린 수준임에도 불구하고 그 나라의 고산 지대에서 '풍부한 산소와 바람과 여문 그늘과 햇볕'으로 키워진 원두의 놀랄 만큼 멋진 맛을 경험하게 되었지요. 믿을 수 없을 만큼 감미로운 맛이었습니다.

한 잔, 두 잔, 오렌지 주스 CF의 어린이처럼 연신 컵을 내밀며, "한 잔 더 주세요."라고 말할 때마다 아저씨는 "천천히, 천천히." 하며 뜨겁고 진한 커피를 내려 주었습니다. 그리고 저는 그날 그 아저씨와 아줌마가 보석을 세공하듯 정성스레 볶아 낸 원두를 한 자루 샀습니다. 우리가 흔히 보는 누런 색 마대자루의 꼭지를 손에 쥐니 너무나 행복하더군요. 돌아오는 길에 커피 가는 기계를 십 달러나 주고 샀는데 정작 그 멋진 원두 한 자루가 삼 달러였으니 사실 원두에게 미안할 정도로 이율배반인 상황이었지만 어쨌거나 기분은 무척 좋더군요. 그렇게 산타클로스처럼 자루를 등에 지고 현관문을 열려는 차에 동료를 만났고, 등짐을 보고 놀라 "설마 뱀 몇 마리 사 온 거야?" 하고 묻는 동료에게 "아니, 뱀보다 훨씬 좋고 신나는 거지." 하고 반들반들 윤기 나는 커피 원두를 열심히 갈기 시작했습니다. 뱀보다 훨씬 몸에 좋은 그것에 대한 기대는 한껏 달아올랐습니다. 저는 원두를 한 번, 두 번, 세 번 갈아 내고 물을 끓여 거름종이로 정성스레 내리고는 제풀에 부푼 기대와 함께 그 뜨겁고 멋진 향이 가득한 커피를 동료에게 내밀었습니다. 동료는 제 기대에 부응하듯 천천히 음미하듯 커피를 마셨습니다.

"괜찮네⋯⋯???"

"괜찮네? 다음에 뭐 없어?"

"⋯⋯? 그렇게 아주 특별할 것까지는 아닌데. 커피명이 뭐라고?"

'그럴리가⋯⋯ 이 커피가 얼마나 멋진 것인데⋯⋯.' 그 커피에 대한 평가절하는 꼭 저에 대한 평가절하처럼 느껴지는 절박함에 매달리듯 외마디 비명을 지르며 저도 한 잔 마셔 봅니다. 그리고는 깜짝 놀랍니다. "아! 이럴 수가 이건 그냥 괜찮은⋯⋯ 내가 바란 건 이게 아닌데. 그 멋진 맛은 어디로 간 걸까?"

이런 당연한 일을 그때는 왜 그런 생각을 못했는지 모르겠지만 사실 그랬습니다. 제가 맡은 "향기"의 정체는 물론 그 멋지고 야물게 볶은 커피의 진한 향도 한몫했지만 그 골목 초입에 있었던 프랑스식 2층 빵집의 화덕에서 나오는 이스트 냄새와 근처 식당에서 나오는 다소 강렬한 향료 냄새, 그리고 '아마도' 습기가 머문 자동차, 오토바이 매연의 칼칼한 냄새 등이 절묘하게 뒤섞인 그런 복잡 다단함에서 비롯된 것이었다는 당연한 사실을 잊고 있었던 것입니다. 식당에서 너무나 맛나게 먹어 집으로 주문을 했지만 희한하게 기대했던 맛이 '절대' 아닌 경우처럼 말이지요. 그래서 아침 향기는 그렇게 좋았지만 점심은 다소 밋밋하고,

저녁은 그보다 약간 낮지만 아침 향기만은 못한 그런 변화가 있었던 것입니다. "소음과 커피향, 이스트와 쾌쾌한 매연이 합쳐진 기묘함"이라는 '정반합(正反合)'의 원리가 거기서도 반복된 것입니다.

사람과 일 모든 것이 진짜 완벽할 수 있다면 정말 좋을 것입니다. 하지만 모든 것이 완벽하다는 건 매우 드문 일이고 설령 완벽함이 가능하더라도 꼭 향기로운 것은 아닐 것입니다. 좀 엉성하고 어리숙한 아이에게 더 아이다운 향기가 나는 것처럼 말이지요. 그리고 그 향기라는 것이 꼭 좋은 것으로만 채워져야 완전하고 좋은 향기로 나타나는 것도 아니라 믿습니다.

그래서 '완벽했으면' 하는 희망을 말하는 사원에게 장소와 구성이 바뀌니 가치도 달라지는 커피 향처럼 적절한 때 적절한 균형과 정반합을 오가며 얻어 내는 장단점들이 조화를 이뤄 우려 내는 결과물일 때 비로소 진짜 향기가 나더라는 그런 '완벽함'의 본질에 대해 이야기해 주고 싶었습니다. 그리고 완벽하지 않아도 충분히 멋질 수 있다는 것은 꼭 직장인에게만 해당되는 말은 아닐 것입니다.

문득 대한민국에서 부모로 살아간다는 것은 지나치게 치열할 생각이 없다는 것 자체가 용기이며 어쩌면 우리 아이들에게 완벽함을 쥐어짜는 의무를 가진 채 살아가야 할 운명을 뜻하는 것일지도 모르겠다는 생각을 합니다. 쥐어짜는 공부, 즐기지 못하는 운동, 사실상 군림을 기초로 하는 리더십, 교과서에나 나올 법한 기계적 배려심과 내면이 감춰진 보여주기식 외적 성향이 고루 갖춰진 '모범생' 아이를 양산하는 것이 부모의 모범이 되는 사회에서 우리 아이들 또한 이룰 가능성이 거의 없는 완벽함을 완전한 미덕으로 생각해서 자신을 쥐어짜며 살아야 한다면 그 고통은 또 얼마나 클까요? 나만의 향을 가진 거리와 커피를 생각하며 다시 한 번 깨달은 것은 나와 우리 아이들에게 필요한 건 우리 아이들의 완벽함이 아니라 아이들 인생의 향기가 때로는 완벽하지 않아도 결국 은은하게 세상에 퍼질 수 있도록 아이들의 부족함을 참고 지켜보며 기다려 줄 수 있는 부모로서의 여유라는 사실이었습니다. 그걸 아이들에게 말해주고 싶더군요. 진짜 은은한 삶의 향기는 채울 것이 있을 때 가능한 것이고, 그런 은은함을 가진 삶에 대해서는 굳이 완벽함을 물을 필요가 없다는 '진리' 말이지요.

다소 미진해도 모두 행복할 수 있는 여유가 있어 완벽하지 않아도 멋질 아이들의 일생과 다소 부족해도 진한 인간미가 물씬 나는 아이들의 행복한 미래를 '같이' 꿈꿀 수 있는 세상이야 말로 진정 "완벽하고 멋진것" 아니겠습니까?

**

이 글을 쓸 때는 대단히 크고 장기적인 프로젝트에 참여 중이었는데 국내외 사례가 적은 프로젝트에 대해 알아보다가 '성공'을 확신하며 시작한 대부분의 프로젝트가 결국 '실패'로 귀결되곤 한다는 것을 알게 되었지요. 그 통계 자료를 보면서 프로젝트 멤버들은 "우리는 성공할 것이다." 대신에 "우리는 실패할 수도 있다. 실패하지 않으려면 무엇을 해야 하는가?" 하고 프로젝트를 바라보는 관점을 바꾸게 되었습니다. 육아도 프로젝트와 같은 속성을 가졌다고 생각합니다. 저를 포함해 우리 모두는 육아와 자녀의 '성공'을 꿈꾸지만(그 성공의 개념이 상대적이라는 부분을 감안하더라도) 아이들이 우리들의 기대치에 못 미칠 수도 있다는 사실은 현실적인 문제입니다. 반드시 성공한다 믿는 일들이 실패하곤 하는 것처럼 이렇게 하면 '성공'하겠지 하는 당위보다 그렇지 못할 가능성에 대한 생각을 한번쯤 해보는 것. 우리가 말하는 아이들의 궁극적 성공이 정말 행복이라면 먼 훗날 있을 행복을 위해 지금의 아이들을 '완벽'하도록 몰아붙이는 것이 아니라, 훗날 행복하지 않을 수 있으니 지금 뭘 해줘야 할까? 라고 생각해보는 것도 필요하지 않을까 생각해봅니다.

그런데 저는 그 사실을 깜빡 잊고 '옳은 일' 대신 '완벽'을 말할 때가 있습니다. 그 커피가 말해 주는 향기로운 교훈이 있음에도 말입니다. 그래서 저는 슬프고 조심스럽지만 마냥 성공을 '기대'하는 대신 의도치 않은 실패 또한 각오하고 있습니다. 설령 실패가 있다 하더라도 우리 아이들의 인생은 부모가 아닌 아이들 자신에게 최종적으로 '멋진 것'이어야 하며 아이들이 비록 완벽하지 않아도 충분히 멋진 일생을 살 수 있다고 믿으며 아이들이 완벽하지 못하더라도 나는 영원히 아이들 편에 서서 아이들이 선택한 '일생'을 지지할 것이라 다짐하면서 말이죠.

부부, 부모가 되었을 때

10월 16일은 20여 년 전 '유전무죄, 무전유죄'라는 유명한 말을 만들었으며 「홀리데이」라는 영화의 실화 배경이 된 지강헌이라는 사람과 동료들의 탈주가 마무리된 날입니다. 그런데 저는 흔히 잡범이라고 말하는 경범죄를 저질렀음에도 칠 년형에 십 년 감호, 도합 십칠 년의 징역을 살게 된 것이 옳으냐 그르냐를 말하자거나 '탈주'를 했다는 이유만으로 갑자기 '강력범'으로 포장되었던 이미지 포지셔닝의 부당함을 말하고자 하는 것도 아닙니다. 다만 마지막 인질극을 벌일 때 경찰들이 설득을 위해 가족을 현장에 내보냈는데 인질범 중 한 명인 안광술이 자신을 찾아온 동생에게 말하길, "형을 원망 많이 했지? 나는 부모의 사랑을 못 받고 자랐지만. 너는 부모님께 효도하거라. 동생아, 나는 네가 정말 그리웠다."고 말하며 울먹였다는 이야기를 하고 싶습니다. 부모에게 사랑을 받는 것이 얼마나 큰 '혜택'이 되는지는 꼭 안광술에게만 해당되는 것은 아닐 것입니다.

저는 가끔씩 안광술의 "사랑을 못 받았지만" 하는 말이 떠오를 때마다 부모들이 스스로 사랑이라고 말하는 것이 우리 아이들에게도 진정 사랑이 될 수 있을까? 하고 생각하곤 합니다.

우연히 돌잔치만 전문으로 하는 레스토랑에서 한 아빠가 그 레스토랑에서 가장 값이 싸다는 오픈 공간에서 돌잔치를 하는 것을 우연히 보게 되었습니다. 공주풍의 드레스와 턱시도를 입은 여느 부모들과 달리 그냥 단정하게 차려입은 아빠가 직접 사회를 보고, 노래를 하고, 다소 엉성한 파워포인트로 만든 사진첩을 틀어주고는 아이 앞에서 대단히 멋스럽게 아코디언을 연주해주었습니다. 그건 직업이 요리사인 듯한 아빠가 보여 줄 수 있는 최고의 '행복' 레시피였습니다. 확실히 남들보다는 조금 더 특별한 정성이었기 때문입니다. 그 모습을 보니 그때 막 돌잔치를 준비하기 시작했던 저는 돈을 들여 더 크게 만족한다면 그 또한 좋은 일이지만 자칫 잘못하면 놓치는 뭔가가 있겠구나 싶었습니다. "자 이제 나는 '충분한' 사랑을 주었어" 하며 제 스스로 만족하고 그렇게 믿을까 봐 두렵더군요. 돌잔치를 준비하면서 아이들 사진을 정리하고 동영상을 만들어 지금처럼 혼자 회사 강당에 남아 '사회자' 연습을 할 뿐 아니라 자잘한 당일 시나리오까지도 짜면서 정작 제가 느낀 것은 저에 대한 제 스스로의 성찰입니다. 내가 정말 아이들을 사랑하는구나, 이 아이들에게 정말 가치 있는 일들은 무엇일까를 생각하는 시간이기도 했습니다. 그래서 그 '행복요리사'의 돌잔치에 더더욱 공감을 했던 것입니다.

"효도하거라" 하고서 자기 머리에 총을 쏜 인질범 안광술이 말한 그 '사랑'이 애틋해지는 것은 아이들은 확실히 우리가 생각하는 것처럼 그렇게 '특별한' 사랑을 필요로 하지는 않을 것이라는 이유 때문입니다. 아이들이 진정 원하는 것. 그것을 놓칠까 봐 가끔씩 뒤를 돌아보게 됩니다.

생각해 보니 그 사람들 스무 살, 스물한 살. 아까울 정도로 젊은 나이네요. 가슴 아픈 이야기입니다.

*
*

부모가 되고 보니 이상과 현실의 괴리를 극명하게 느끼게 되고 시간이 흐르면 흐를 수록 그 괴리는 더더욱 명백해지곤합니다. 사랑은 늘 부족해 보이고 의무는 다해야 하는 그런 생활의 무게에 눌려 살아야 하는, OECD에서 노동량이 최고에 달한다는 대한민국에서 산다는 것. '칼퇴근'이라는 당연하면서도 특권과 같은 희한한 뉘앙스를 주는 괴이한 단어를 양산할 수밖에 없는 우리나라에서는 육아가 때론 전쟁이며, 슬픔이며, 아쉬움이며, 또한 안타까움이고 체념일 때가 있습니다. 그래서 정신적으로 부족한 것을 자꾸 물질적으로만 해결하려는 욕구를 갖게 됩니다. 그것이 정말 아쉽습니다. 아이들에게 "부모님과 함께 하여 기쁘다"라는 말을 듣는 행복을 경험하고 싶은데, 그 경험을 위해 물질보다 먼저 해줘야 할 많은 것들을 충분히 못해주는데 따른 괴리감이 참으로 큽니다. 야근, 명퇴, 경쟁, 학연, 지연, 사회

안전망의 부재가 재촉하는 부모들의 다급한 삶. 고통스런 일입
니다.

　톡톡에 이 글을 올렸을 때 이런 지극히 일상적이면서도 잔인
한 현실에 대한 댓글이 많이 올라왔습니다. 그중 가장 보편적이
면서 우리 사회에서는 어쩔 수 없이 해야만 하는 자기 위안의 댓
글이 있어서 이곳에 옮겨봅니다.

엄마_　　맞벌이를 하면서 이깟 돈 때문에 엄마인 내가 해 줄 수 없는
게, 엄마의 빈자리를 엄마인 내가 스스로 느낄 때 그 기분이
란 참 가슴이 미어지도록 아프죠. 하지만 엄마가 행복해야 아
이들이 행복하고, 가정이 평화롭겠죠. 좋은 옷, 좋은 교육, 환
경을 위해서 일하는 건 맞지만, 그 무엇보다 엄마인 '나'를 위
해서 오늘도 일을 합니다.

선입견

선입견에 관해서는 할 말이 좀 있어요.

보다 정확히 말하면 선입견이라는 것이 주는 '비열함'에 대한것이죠. 제가 결정적으로 '교육차원의 훈육'을 믿지 않게 된것은 초등학교 삼 학년 즈음이었습니다. 그때 이미 그 훈육이라는 것의 교육적이고 계도적 요소가 교사의 재량에 따라 얼마든지 빠지거나 오용될 수 있다는 사실을 알게 되었기 때문이죠. 지금도 이름이 선명한 H라는 교사는 마치 매일 제 엉덩이를 두들겨 대려고 '도시'에서 전출을 오신 것처럼 때리기 시작하더군요. 저를 처음 보는 순간부터 미워했던 것은 아닐까? 하는 생각이 들 정도였지요. 제가 뭘 잘못했는지 제가 뭘 해야 매를 맞지 않을 수 있는지 알려주는 법은 없었고, 사소하기 이를데 없는 일에도 머리통을 콩콩 쥐어박는다든가 숙취에 해장을 하듯 그닥 근거를 찾을 수 없는 비아냥으로 본인의 속을 풀곤 했습니다. 사실 학생의 인권이라는 개념조차 없을 때였지만 지금 생각해봐도 괴롭기 그지 없는 시절이었죠. 그러나 제 인생에서 초등학교 3학년 때가 결정적인 시기가 된 것은 단순히 매가 주는 육체적 고통때문이 아니었습니다. 창밖에서 하늘하늘 풀잎이 춤을 추고 나비가 가무를 하던 초가을 즈음에 나라에서 주최하는 '동시(童詩)' 대회를 겨냥해서 '시'를 한 편씩 지어 오라는 선생님 말씀대로 '웃는 인형'이라는 제목의 시를 '시킨대로' 지었을 때였습니다. 저는 인형이 나를 보고 웃고, 나는 그 인형처럼 동생을 보고 웃고, 동생은 나처럼 인형을 보고 웃는다는 내용의 나름 공들인 시를 지어 선생님께 제출했습니다. 보통의 아이들과 다름없던 저는 그 엄하고 무서운 선생님에게 한 번쯤 칭찬을 받을 수 있지 않을까 하는 기대도 했을법합니다.

다음 날 아침 조회 시간에 선생은 저를 불러 세웠습니다. "누구 나와!" 예전과 다름없는 냉랭한 말로 호명을 하는 바람에 여지없이 기대는 무너졌지만 그래도 혹시 하며 나간 제게 결정적이고 뼈아픈 한마디를 했습니다. 선생님은 제가 전날 제출한 시를 뭉쳐 제 얼굴에 들이밀었습니다.

"너, 이거 어디서 베꼈냐?"

지금이야 "그것과 똑같은 시를 이 세상 어디서든 찾을 수 있으면 내 오른팔을 걸겠소" 하겠지만, 그때 초등학교 삼 학년이 할 수 있는 일은 지극히 정상적이고 보편적인 그 나이 또래의 아이답게 "아니오. 제가 썼어요. 저는 거짓말을 하지 않습니다."라고 말하는 것 뿐이었습니다. 하지만 선생님은 그 말을 믿지 않았습니다. 전교생 이백 명이 안 넘는 시골에서 저 새까맣게 때가 낀

손톱을 가진 허름한 아이가 도시 아이들도 짓기 힘든 괜찮은 시(詩)를 가져왔으니 이는 분명히 '베낀 것이다'는 당연한 사고의 수순을 밟은 것이 확실했습니다. 그렇지 않고서야 제 나이 마흔이 넘도록 상처가 되고 선생님 자신이 그런 말을 들었다면 자신에게도 깊은 상처가 되었을 그토록 심한 말을 그렇게 가볍게, 그리고 확신을 가지고 하지는 못했을 테니까요. 그런데 응당 "베꼈습니다."고 말했어야 할 아이가 선생님의 확신이 주는 자존심에 상처를 주며 혐의를 부인했으니, 저의 죄 없는 엉덩이가 걸레가 될 운명은 그때 결정되었을 테지요. 선생님은 처음에는 지극히 여유 있는 모습으로 피식피식 웃으면서 있지도 않은 거짓에 대한 자백을 강요했고 강요가 강력해지는 만큼 격해지는 저의 부인에 화가 났는지 어느 순간에 정색을 하고는 본격적으로 매질을 하기 시작했습니다.

철썩, 철썩.

살과 몽둥이의 마찰이 내는 소리가 쥐 죽은 듯 조용한 교실에 울려 퍼졌습니다. 매타작이 시작되자 제 엉덩이에는 천불이 나기 시작 했으며 제 마음도 그만큼 불타올라 산산이 재가 되기 시작했습니다. "사실대로 말해! 말하면 봐줄게."

'세상에! 나는 그냥 쓰라는 대로 쓰고, 말하라는 대로 말했는데 대체 뭘 봐준단 말일까?'

그 어린 마음에도 베꼈음을 증명하는 것이 아니라 베끼지 않았음을 증명해야 하는 어처구니없는 현실이 매질보다 더 억울해서 급기야 "저는 '정말로!' 안 그랬어요. 대체 왜 그러세요. 선생님!" 하며 주저앉아 울었는데 선생은 무슨 생각이었는지 바닥에서 버둥대는 저를 강제로 일으키는 노력을 해서까지 끝끝내 한 시간을 채우는 매질을 하셨습니다.

제가 그날 하루를 어떤 기분으로, 어떤 심정으로 보냈는지 모르겠습니다. 매시간 선생님이 보내는, 제 얼굴을 뚫을 듯한 악의적 시선도 어떻게 참았는지도 모르겠습니다. 다만 그 엄한 매질에 엉덩이부터 허벅지까지 피멍이 잔뜩 든 채 집에 돌아간 저를 보고 한때 월반까지 했다던 아버지는 어머니께 "내가 어렸을 때 저렇게 선생님께 맞고 돌아온 적은 없었다"고 혀를 끌끌 차셨고 어머니는 "학교에서 미움을 받는가 봐요." 하고 말했을 때 아무도 알아주지 않는 제 억울함이 너무 서러워서 혼자 울음을 삼키던 기억은 또렷합니다. 그리고 그 일에 대해서는 결혼을 하고 아이들을 낳은 후에도 혼자만의 기억으로 삭히며 한 번도 입밖에 내지 않았습니다. 하지만 제 마음속의 순정을 갈가리 찢어 놓은 그때의 기억을 정의하라면 인간적 억울함과 결코 아물지 않을 마음의 상처, 교육이라는 탈을 쓴 감정적 체벌에 대한 깊은 불신, 그리고 어떤 선입견에 대한 극적인 반감이었습니다. 그날 이후 가르침을 받는다는 것을 더 이상 순수한 마음으로만 생각할 수 없었으며, 그렇게 제 안쓰런 유년의 순수함은 생명을 다했던 것입니다. 그 시절에는 그런 일이 보편적인 일이었겠지만 가끔 '교권 추락'에 대한 기사를 볼때마다 예전의 교사들이 지금의 학부형들에게 저지른 '무자비함'에 대한 '죗값'을 지금의 교사들이 '교권 상실'이라는것으로 치루는 것 아닐까? 하는 생각을 하곤 합니다.

저 같은 상처를 가진 부모들은 그게 아무리 정당한 '지도'라 하더라도 '체벌'이 있었다면 남들 이상으로 민감해지기 마련이기 때문이지요.

얼마 후 전교 조회에서 제 이름이 '또' 불렸습니다. 전교생이 열과 오를 맞춰 서 있는데 저를 교단에 불러세운 교장 선생님은 우리 학교 오십오 년 장구한 역사상 이렇게 큰 상은 처음일 것이라며 전례 없는 애정으로 칭찬을 해주었습니다. 그리고 무척 행복한 표정으로 학교에서 주던 종이 상하고는 기본부터 달라 보이는 상장을 제 가슴에 안겼습니다. 절반쯤 강요를 받은 박수소리가 운동장에 널리널리 울려 퍼졌습니다. 제가 받은 상장은 융으로 둘러싼 파란색 커버에 황금색으로 도금되어 있었고, 그 상장에 애인처럼 딱 달라붙은 만년필은 그에 걸맞게 고급스러웠지만 그 상장과 만년필은 제게 어떤 기쁨이나 의미를 주지 못했고 그걸 까맣게 모르는 교장 선생님은 억하심정으로 도배되고 제 텅 빈 가슴만큼 공허한 '대가리'를 열심히 쓰다듬어 주는 것으로 제 마음을 더더욱 서럽게 만들었습니다. 그리고 H라는 선생은 고작해야 초등학교 삼 학년 작은 아이의 엉덩이가 보라색 포도빛 물감을 들인 것처럼 피멍이 들고 마치 바람을 피운 애인에게 날리는 통한의 연타 같은 따귀를 맞아 가며 안 베꼈음을 '증명'해야 하는 가혹한 현실에 직면하게 만든 후 얻어낸 그 상을 아주 흐뭇하게 바라보고 서 있었습니다.

그날 이후 저는 아주 부쩍 '자란' 어린이가 되었다고 생각하는데, 삼십여 년이 지난 지금도 저는 어떤 선입견을 가진 그 어떤 부류에 대해 심한 괴리감을 느끼곤 합니다.

어떻게 하면 어떻게 되고, 어떠하니 어떻게 되고야 말 것이다는 근거 없는 가정과 섣부른 단정은 누구나 가지고 있을 자존감에 깊은 상처를 줄 것이고 그 사람이 아무리 강한 심성을 타고났더라도 결국 무너져내릴 만큼의 큰 상처를 안고 살게 될 것입니다.

그 H라는 선생의 상식으로는 전교라 해 봤자 여섯 개 반이 있는 이런 깡 시골에서 저런 시를 지을 아이는 있을리 없다 믿었겠지요. 그 상식의 범주라면 당시의 우리 중 그 어떤 아이도 자기만의 재능이나 가능성, 꿈과 희망을 이야기할 수는 없는 일이었습니다. 만약 '베낀 것이다'는 단정이 없었다면 제가 "아니오. 베끼지 않았습니다."고 말했을 때 "그렇구나."하고 말았겠지요. 그것이 아니었다면 교육부에 제출은 하고 싶은데 혹시나 베낀 것이어서 나중에 망신을 당하면 어쩌나 싶어 굳이 제 엉덩이와 몽둥이와의 물리적 마찰을 일으켜서라도 결국 '베낀 것이 아님'을 확답받고 싶었는지도 일입니다. 하지만 그 상식의 기준과 정체가 무엇이든 제 엉덩이에 부당한 날벼락을 내고 마음에 대못을 박아 깊고 넓은 상흔을 낼 수밖에 없었던 것은 "못할 것, 아닐 것, 그런 사람일 것, 그럴 것"이라는 그 선생의 선입견이 튼튼한 바탕이 된 것은 부인할 수 없는 사실일 것입니다.

어떤 선입견이 주는 가장 큰 악행이자, 맹점은 '스스로 증명해야 할 일'을 피해자에게 '그 증명의 의무'를 전가한다는 것입니다.

부당한 선입견을 받는 사람이 '아님'을 증명해야 하는 것처럼 어렵고 억울한 일이 또 어디 있겠습니까? 제인 오스틴은 『오만과 편견』에서 그 '선입견'을 해피앤딩으로 만들어 냈지만 대부분의 경우는 사실 선입견을 가진 쪽이든 당하는 쪽이든 모두에게 피해를 주는 것이 확실해 보입니다. 그래서 저는 선입견이 싫은 것입니다. 다른 정상적 상식을 가진 분들께서도 그러시겠지만 말입니다.

＊＊

사실인지는 모르겠지만 아이들이 초등학교에 갈 즈음에는 "아빠 차가 뭐냐? 집은 몇 평에 어디 사느냐?"를 먼저 묻는다는 이야기를 듣곤 합니다. 주공 아파트와 고급 아파트 사이에 낀 초등학생들이 서로를 갈라놓는 뭔가가 있다는 식의 이야기와 개념적으로 맥을 같이하는 불편함을 느끼는 것은 그런 것의 본질에는 ‘선입견’이라는 근거 없이 사람을 불편하게 만드는 심리적 기제가 깊게 자리를 잡고 있다고 믿기 때문입니다.

그리고 이 글을 톡톡에 올리자 ‘입증책임’이라는 내용의 댓글이 달렸을 때 딱 제가 하고 싶었던 말이었음을 알게 되었습니다.

통상 입증책임을 주장하는 사람이 갖게 됩니다. 위에서는 H선생님이 베꼈음을 입증해야 하는 거죠. 그런데 강자라는 미명하에 안 베꼈음을 입증하라는 부당한 요구가 사회 여기저기에서 보입니다. 강자의 만행이라고밖에 말할 수 없네요.

그렇습니다. 아이들 마음에 그 어떤 양질의 깨달음도 없이 절망과 억울함만 뿌리내리게 할 ‘단정’과 ‘선입견’을 훈육이라는 이름으로 아무렇지도 않게 아이들에게 쏟아붓게 되는 것은 참으로 무섭고 부당한 일입니다. 어떤 부모든 “너는 ‘늘!’ 왜 그 모양이냐?”고 말함으로써 아이를 싸잡아 상처를 주는 일들을 해야 한다면 아이가 정말 그렇다는 것을 아이들이 아닌 부모가 증명해야 합니다. 그러나 그 어떤 부모도 그럴 이유도 없고, 또 그래서도 안 되는 것이 자명합니다. 그럼에도 불구하고 ‘너는 늘’이라며 선입견과 단정과 분류로 아이를 대하는 것이 아닌지 진심으로 깊이 생각해 봅니다.

우리가 우리도 모르게 아이들을 그렇게 대했을 때 생길 법한 일들은 톡톡 댓글에도 있었습니다.

 더 슬픈 일은 내가 그 선입견대로 변하고 있음을 느낄 때죠.. 아니야, 난 아니야 하면서도 어느 새 난 정말 그런가 봐, 이 정도밖에 안 되나 봐, 이렇게 열등감이 뭉글뭉글 솟아나 저를 괴롭히곤 합니다.

‘왜냐’고만 묻지는 않기

‘사는 게 전쟁’이라고들 하지만, ‘육아도 전쟁’입니다.

아이들 때문에 심기가 불편해진 아내가 아이들을 세워 놓고 뭔가 따지듯 묻습니다.

“몇 번이나 말했잖아. 알면서 왜 그랬어?”

그 장면을 보니 문득 아이들 입장에서는 또 다른 작은 전쟁을 치르는 것일지도 모르겠다는 생각을 합니다. 그 ‘전쟁’이 가지는 요소는 ‘어찌할 바를 모른다’고 표현할만한 ‘당황스러움’이겠지요. 할 말이 있음에도 말을 못하고 대답을 하고자 함에도 답을 못 내리는 그런 희한한 속성 말입니다. 아이들은 그 답답함을 하나로 뭉쳐 울음으로 표현하는 것이라 믿습니다.

아이들이 서글프게 우는걸 보면서 겨울 한 모퉁이에서 그와 같은 당황스런 경험을 했다는 어느 병사 이야기가 생각납니다.

한겨울, 옅게 얼어붙은 임진강 너머 달빛 빛나던 백설 같은 눈 동산 위에 군기가 바짝 들어 두 눈을 부릅뜬 병사가 있었답니다. 병사는 그날 무척 외로웠습니다. 단순히 "네 시계는 언제쯤 갈까?" 하며 킥킥 희미한 웃음으로 놀려 대곤 했던, 병사의 사수 김 병장이 철모를 머리에 베고 새우처럼 웅크리고 옅은 코를 골며 잠을 자서가 아니었습니다. 그냥 저 달이 너무 밝고 너무 큰 탓에 30년대 신파같이 애잔한 마음의 감정이 울렁이더니 잘하면 울 수도 있을 법한 상념에 접어들었기 때문입니다.

'저 달이 집에서도 보이겠지', '잠깐 면회를 오다 그만둔 삼순이도 보이겠지' 하는 따위의 감상에 젖어들어 매서운 겨울밤. 방한 장갑에 스며 오는 한기도 잊고 있던 찰나에 문득 뇌리를 스치는 의문이 떠올랐습니다.

"저기 저 앞에 바위가 원래 있었던 건가?"

눈이 내려 육안으로 식별하기 힘든 둔 턱이 더 많아졌던 까닭에 잠시 혼란스러웠던 병사는 다시 한 번 눈을 부릅뜨고 생각했습니다. "저 바위가……." 그런데 그때. 바위가 딸깍하고 작은 나뭇가지가 부러지는 소리를 내며 고개를 슬그머니 들고는 쏘아보듯 병사를 바라보았습니다.

0.1초.

정수리에 솟아오른 충격과 공포가 심장을 조이고 발끝으로 퍼져 나가는 느낌으로 병사는 울고 싶었던 감정과 충격, 그리고 긴장이 버무려지고 삭혀져 비명으로 뿜어 나오는 것 같은 공포를 경험하며 반사적으로 방아쇠를 당겼습니다.

"다다다다다다당!"

병사는 분명 비명을 질렀다고 생각했지만 귀로 들리는 비명은 없었고 삼점 연사의 총소리조차도 들리지 않는 먹통 귀를 가진 것처럼 세상의 그 어떤 소리도 듣지 못했습니다. 어느새 철모를 반쯤 걸친 병장이 옆에서 마치 커플 댄스를 추듯 병사와 같은 모양새, 같은 비명을 지르는 듯 뭔가 소리를 내며 총을 쏘기 시작했습니다. 휘영청 밝은 달. 달님만 관중으로 둔 판토마임 같은 2인 극. 잡음의 오케스트라가 온 세상에 울려 퍼졌습니다.

맹렬한 심장박동과 함께 퍼지는 긴장의 파노라마.

"다다다다다당!"

"으아아아아~"

"드르륵 탕탕!"

"안돼!"

누가 지르는 비명인지는 모르지만 달밤의 고성은 합창이 되어 너른 들, 너른 눈밭으로 널리 퍼져 나갔고, 통신선이 만드는 따르르르르하는 반주와 함께 병사들의 비명은 총소리만큼 커졌습니다.

"으아아아아!" 병사는 생각했습니다.

"나는 이렇게 죽는구나. 오늘 내가 죽을 수도 있겠구나. 설마 그럴 리가 있을까? 그래도……, 그래도 죽을지도 몰라. 엄마가 보고 싶다. 오늘 죽으면 우리 엄마는 어떡하지?" 병사는 반눈물, 반콧물을 질질 흘리는 분비물 전쟁을 같이 하며 탄창 하나를 다 비우고 나서 끼릭끼릭 다시 장전을 시작했고 병장이 말한 것처럼 결코 흐르지 않을 듯한 시간이 조금 지났을 때 병사를 삼킬 듯이 쏘아보던 무자비한 적군은 어디론가 사라지고 어느 순간에 갑자기 적막이 흘렀습니다. 유령처럼 모든 이벤트가 일시에 멈췄습니다. 갑자기 허탈해지고 긴장이 풀린 병사를 비웃듯 여전히 밝고 노란 달은 휘영청 떠 있었습니다.

"따르르르릉."

그날의 암구호는 선장 흑풍이었다던가? 얼이 빠진 병장은 "순… 순… 순… 창!" 하고 외쳤습니다. 그 와중에도 병사는 '이 인간이 미쳤나 난데없는 고추장?' 하며 비웃었고, 하늘처럼 높게만 보이던 병장이 한없이 작은 모습으로 병사 앞에 서 있다는 것을 알았습니다. 병장은 콧물을 소매로 쓱 닦으며 말했습니다.

"뭐 본거야? 응? 뭐였어?" 그러나 같은 수준으로 얼이 빠진 병사도 그게 뭐였는지 정확히 알지 못했습니다. 그때 완벽한 제식 군장을 꾸린 병사 몇 명과 대대장이 긴장된 표정으로 병사와 병장을 찾아왔습니다. 얼빠진 병장은 여전히 "순창" 하고 고함을 질러 댔으며, 아는지 모르는지 제대로 '흑풍'이라는 답어를 댄 대대장이 비장한 표정으로 전방을 주시하며 병장에게 현황을 물었습니다.

병장은 대답했습니다.

"네, 저희가 근무를 서는데 눈앞에 불이 번쩍이니까 바로 총을 막 쐈고, 흙이 눈앞에 들어갔는데 딱 열 발을 쏘니까 제가 중지를 해서……."

대대장과 함께 있던 참모는 암구호를 고추장으로 대던 이 가련한 친구를 사살할 것 같은 표정으로 잠시 쏘아보고는 병사에게 말했습니다. "뭔 말인지 하나도 모르겠다. 네가 보고해!"

병사는 내심 고추장 병장의 어처구니없는 보고에 은근한 짜증을 느끼며 보고를 했습니다.

"네. 근무 중 이상무였는데 딱 소리가 나서……. 정말 따악 소리가 들려서 제가 사격을 했는데 옆에서 김 병장이 뭔 일이냐 물어서 사격은 그만두고 동태를 보다가……."

참모는 고추장 병사를 바라볼 때 보였던 바로 그 냉정하고 어처구니없다는 황망한 표정으로 마치 병사를 사살할 것처럼 들고 있던 총을 움찔하다가는 피식 웃음을 지었고, 전방을 주시하며 답답한 표정을 짓던 대대장에게 뒤늦게 들어온 중대장이 작은 귀엣말로 이렇게 속삭였습니다.

"노루인지 멧돼지인지, 사람은 아닙니다. 완전히 떡이 되어……."

병사는 풀린 긴장에 다리를 휘청거리며 훌쩍대고 울었고, 고추장 병장도 따라 콧물을 훌쩍였습니다. 돼지 또는 노루의 죽음을 불러일으킨 이 어처구니없는 상황극을 보면서도 달빛은 물끄러미 얼음을 스쳐 흐르는 임진강의 겨울을 비추고 있었답니다.

*

어느 해 겨울에 실제로 있었던 일이라고 합니다. 그리고 그와 비슷한 일들은 지금 임진강이 아닌 저희 집에서, 병사가 아닌 저희 아이들도 경험 중입니다.

살다 보면 명백하게 이해를 하는 사실에 대해서도 의외로 "왜 그랬냐?"는 질문에 답하기 어려울 때가 많지요.

우리가 아이들에게 "왜 그랬냐?"고 묻는 것의 의미는 "그럴 수밖에 없었던 '너만의 이유'를 듣고 싶다."가 아닌, "하면 안 되는 일을 왜 했느냐?"고 묻는 것입니다. "안 되는 것"에 대한 어른의 기준으로 아이들에게 '왜'라고 묻는 것은 사실 애초부터 잘못된 질문입니다.

그런데 저도, 아내도 "그래야만 했던 이유"를 묻기 전에 이렇게 말합니다. "왜 그랬어?"

그렇게 우리는 부모라는 이름으로 아이들을 '지나치게 당황스럽게' 만들고 있는 것이 아닐까 하는 생각이 듭니다. 제가 아이들이 뭔가 실수를 했을 때 단순히 '왜냐?'고 묻는 대신, 선장을 순창으로 부를 수밖에 없었던 그때 그 병사처럼 아이들도 어쩔 수 없었던 상황에 대해 먼저 물을 수 있는 그런 마음의 여유를 가질 수 있으면 얼마나 좋을까요?

아 야얏, 세월이 간다

또 한 해가 지났습니다.

어쩌려고 세월은 이리도 속력을 내기 시작했을까요?

한 40년은 되었을 소련산 비행기를 타고 이집트에서 케냐로 가는데 갑자기 읽고 있던 김난영의 『토담』이라는 책이 천장으로 탁 튀어 오르고는 사방에서 경보음이 울렸습니다. 비행기가 놀이동산의 청룡열차처럼 앞으로 떨어지기 시작했을 때 제가 생각한 것은 설사 내가 죽더라도 누군가 나를 쉽게 찾아서 쉽게 묻고, 또 쉽게 슬퍼할 수 있도록 허리 가방 안에 든 여권을 꺼내 아랫배에 꼭 끼워 넣어야 한다는 것이었습니다.

정말 우스운 일이죠. 그 와중에 내 시체 찾아 줄 사람을 걱정하다니.

정말 어쩌려고 세월은 떨어지는 비행기처럼 이리도 빠른지.

그 빠른 세월 안에서 배꼽에 여권을 꼽는 것만큼 우스운 생각을 하곤 합니다.

내 다시는 어떤 여자를 보고 심장이 두근대는 일은 없겠지.

다시는 마음을 졸여 가며 뽀뽀할 기회를 노려 대느라 가자미 눈을 뜰 일도 더 이상은 없을지도 몰라.

회사의 스물대여섯 재기발랄한 아이들을 보면서, 아! 내 인생은 어디로 달려가는 걸까 생각하며 서러워, 서러워서 방황을 해 봅니다.

정말이지 세월이 왜 이리도 빠른지. 또 한 해가 지나고 계절이 바뀌어 가고 있습니다.

계절이 바뀌는 것이 무서워지는 것은 세월이 지나며 흘린 자국이 여름이요, 가을이고, 겨울이기 때문입니다.

아, 지겨운 겨울밤이 봄바람에 날아가는 소리.

내 인생이 펄럭이는 바로 그 소리.

⁑

부모가 되면, 나 자신에 대한 상념을 갖기가 쉽지 않습니다.

그리고 어느 날 문득 정신을 차려 보면, 아이가 나이를 먹는 만큼 그만큼의 세월을 나도 보낸 것이라는 사실을 절감합니다.

아이의 성장과 비례하는 내 세월의 상실.

이것이 기쁜 일인지, 슬픈 일인지 저는 잘 모르겠습니다.

옆집 아빠, 어렵다!

아내가 잔뜩 불만스러운 얼굴로 "일찍 퇴근한 옆집 아저씨가 그 집 애들, 우리 집 애들과 같이 너무 잘 놀아 주더라? 아빠 입장에서 뭐 깨닫는 거 없어?" 합니다. 그때 제 머릿속에 가장 먼저 떠오른 생각은 또 빌어먹을 옆집이라는 것과 어떻게 놀아 줘야 좋은 아빠가 되는 것일까 하는 의문이었습니다.

제임스 해리엇의 『아름다운 이야기』 시리즈를 보면 공군 항공병으로 입대한 해리엇이 자신은 잘 비행하고 있다고 생각하며, 내심 뿌듯해하는데 뒷자리 앉은 교관은 끊임없이 "방향타가 잘못되었다.", "고도를 높여라", "기수를 낮춰라" 하고 소리를 질러 대다가, 결국 조종간을 뺏어 가는 장면이 나옵니다. 그때 해리엇이 느낀 감정은 '어리둥절, 분노, 당황, 의문' 따위라고 했습니다. 아이들과 놀아 줄 때 제가 딱 그런 심정입니다. 나는 분명 아내가 말하는 대로, 아내가 가르쳐 준 대로 씻기고 안고 재우는데, 아내는 그 '손쉬운'일도 '제대로' 못하냐고 타박을 하며 제가 움켜쥐었던 육아의 '조종간'을 얼른 뺏어갑니다. 딴에는 애들 궁둥이를 '보석 광내는 장인'처럼 세신히 씻겼는데 빨갛게 달아오르도록 다시 씻기거나 혀로 핥은 듯 말끔히 해놓았다 자신했던 설거지를 굳이 다시 하고야 마는 아내를 보면서 한동안 잉여감이라는 포대기가 저를 감싸 안고 흔들곤 했습니다. 그리고 그 잉여감이 절정에 이를 때 알라딘이 쓰다듬은 주전자에서 마법사 지니가 나타나듯 마법처럼 '옆집 아빠'가 펑! 하고 나타납니다. 그 옆집 아빠는 어떻게 그런 '완벽함'을 갖추게 되었는지 모르겠지만, 아버지와 살가운 놀이를 해 본 경험이 거의 없는 저는 굳이 기억을 헤집고 캐내 보지만 별다른 답은 없습니다. 다만 예전 어느 날, 아버지와 각자 다른 자전거를 타고 가다 순간 눈이 마주쳤고, 누가 먼저랄 것도 없이 자전거 페달을 열심히 밟아 대었던 자전거 경주 말고는 아버지와 함께 하는 '놀이'라는걸 배운 적이 없는 까닭입니다. 그리고 저는 사실 그 놀이라는 것 자체가 무엇을 말하는지도 잘 모르고 있다는 것도 알게 됩니다. 사회에서 배운 음주와 가무를 즐기는 개념이 아니라면 뭐가 놀이인지, 그 놀이라는 것이 통닭을 걸고 팀끼리 이기려고 애쓰는 '시합'의 개념이 아닌 '함께'하는 놀이라면 그것은 대체 어떻게 하는 것이란 말이냐? 며 한참 억울해하다가 아들이 공을 차면 같이 뻥!, 딸이 공주인형의 머리를 쓰다듬으면 '공주님, 공룡이 나타났어요.' 하고 새된 목소리를 내며 방정을 떠는 것 말고 뭔가가 있다는 것인지, 그게 있다면 그게 무엇인지, 그걸 어떻게 해야 '제대로' 한다는 것인지 누가 속시원히 말좀 해달라고 마음속으로 애원합니다. 하지만 이미 때는 늦었습니다.

"그럼 청소할 동안 애들 데리고 산책이나 해."

아내는 포기의 심정이 역력한 표정으로 '무엇 무엇이나 해'라는

좌절적 어감으로 이야기했고, 풀이 죽은 저는 애들을 데리고 나
갔습니다. 그리고 동네 앞 구멍가게에 들러 요구르트와 함께 엄
마에게 들키면 한동안 난리가 날 아이스크림을 입에 물리고 바
로 옆 중학교 운동장에 가서 자전거를 밀어주었습니다. 또한 중
학생 애들이 놀다 둔 농구공을 이리저리 굴리면서 애들도 공 굴
리듯 이리 굴리고 저리 돌리며 두세 시간 닫고 다니다가 이백 원
뽑기와 '하나 더'를 요구하는 애들에게 한 번 더 기다란 '하드'를
입에 물리려고 구멍가게에 갔더니 구멍가게 아주머니가 아주 '감
동스런 표정'으로 이렇게 말을 합니다.
"어머나, 지금까지 애들하고 놀아 주신 거예요? 정말 자상하시
다. 정말 좋은 아빠세요."

그때 저는 알았습니다. 제가 제 의지와는 상관없이 어리바리,
얼간이, 애들을 어떻게 돌보아야 하는지 쥐뿔도 모르는 불량 아
빠에서 자상하기 그지없고, 애들하고 허파가 터질 정도로 뛰어
다니며 혼신의 힘을 다하는 희생적인 아빠, 아내의 육아에 적극
적으로 참여하며 아이들의 생각도 직감적으로 알아채 모든 것을
미리 준비해 주는, 말로만 듣던 '옆집 아빠'로 극적인 변신을 했
다는 사실 말이죠.
물론 고작 십 분도 지나지 않아 왜 애들 신발에 모래가 저렇게
들어가도록 '방치'했는지, 모래에 개똥이 얼마나 많은지 알기는
하는지, 왜 애들 입가에 분홍색 색소가 묻어 있는지, 사 주려면
야채 음료를 사 주지 왜 아이스크림을 사 줬는지, 왜 햇볕이 따

가워지기 전에 들어오라 했는데 선크림도 없이 저렇게 애들을 놀렸는지를 설명하는 데서부터 쩔쩔매는 '보통 아빠'로 전락했지만, 저도 '한때' 모범적이고 좋은 아빠, 가정적이며 참신하고 다정한 아빠로 살았던 터였습니다.

그리고 한 번 더 깨달았습니다.

좋은 아빠란 옆집 여자에게만 보이는 〈귀신 같은 것〉이었다는 사실을 말이죠.

모르긴 몰라도 그날 구멍가게 아저씨는 자상하기 이를 데 없이 아이 둘을 데리고 잘 놀아 주고 보살펴 주며 다정한 모습으로 가게에 찾아온 완벽한 옆집 남편 '놈'의 이야기를 들으며 또 제가 그랬던 것처럼 "빌어먹을 옆집 아빠" 하며 어리둥절 했을 테지요.

그렇게 세상은 돌고 도는 것이었습니다.

＊＊

이 글을 게시했을 때 톡톡에는 남편들보다 아내로 보이는 분들의 글이 많았습니다. 그중 눈길을 끄는 댓글 하나.

ㅎㅎ_　　저도 아줌마지만 크게 공감이 가고 재미있게 읽었습니다. 아이랑 놀아 주라고 하면 애가 놀고 있는 거 옆에서 한 5분 지켜보다 핸드폰 보고 있고, 청소하느라 밖에 내보내면 30분 만에 풍선껌 사 들고 들어오고, 애가 그네를 밀어 달라고 하

면 너무 세게 밀어 결국 울음을 터뜨리게 하더라고요. 우리 남편도 제게 그래요. 자기만 한 아빠/남편 없다고. 저도 저만 한 엄마/아내 없는 것 같은데. 엄마와 아빠의 차이는 명백히 있는 것 같아요. 제 눈엔 햇빛이 따갑지 않을까 싶어 나갈 땐 모자에, 저녁 되면 선선해져서 춥지 않을까 싶어 얇은 긴 팔에, 팔이 탈지도 모르니 선크림도 챙기고, 물티슈는 필수죠. ^^ 그네를 밀면 재미있게 느낄 만큼 밀어주고, 무서워하면 살짝 잡아 주고, 엄마들은 거의 아이에 맞춤형인 것 같아요. 아이한테까진 그게 되는데 남편한테는 쉽지 않더라고요. 같은 성인인데 하는 생각이 기본으로 깔려 있어 그런지, 왜 저렇게밖에 못할까 싶은 생각이 들더라고요. 사실 그것도 모든 사람이 나와 같을 순 없는 건데 서로 이해해야 하는 부분이라고 생각되고, 아이에게도 엄마 스타일과 아빠 스타일이 균형 있게 모두 필요한 것 같아요. 귀신 같은 옆집 아빠, 옆집 엄마만 있는 게 아니라, 귀신 같은 엄마 친구 딸, 엄마 친구 아들도 있잖아요? 내 입장처럼 아이들 입장도 마찬가지란 걸 잊지 말아야겠어요.

잠깐만요!!!

여기 예비 아빠 계신가요?

잠시 제 이야기 들어주세요.

대부분 아이들은 뱃속부터 아빠와 함께 성장하고, 아빠는 아이와 함께 느끼게 된다고 합니다. 아빠가 된다는 사실을 알았을 때 느끼는 감상은 저마다 다르겠지만 대부분 책임감, 의무, 걱정, 기쁨, 기대가 비빔밥처럼 우리 마음을 후려치게 될 것입니다. 그것이 태교로 표현이 되든, 태아 프로그래밍이라는 전문적 용어로 표현되든, 아이를 갖게 된 이상 남자보다는 아빠라는 분류에 자연스럽게 편입됩니다.

아내의 임신은 아빠에게도 큰 변화이고 신비한 일입니다. 아내의 임신 기간은 때로는 걱정, 때로는 기대, 그리고 상념이 상존하는 시기이기도 합니다. 아빠에게도 그만큼 '생각'이 많아지는 때입니다.

그때 그 짧지 않은 기간 동안 저는 이랬습니다.

아내의 임신 32주. 아이들이 기억을 못 하는, 아이들의 이야기를 매일매일 적어 두기로 다짐을 했는데 텅 빈 공간에 점 하나 생기고, 그 점이 점점 자라 엄지만 하고, 그리고 점점 더 자라 주먹만 해지고, 머리만 해지고 그런 때 제가 느낀 지극히 솔직한 느낌을 이야기해 주기로 했습니다. 아마 여러분도 저와 비슷한 경험과 느낌을 갖겠지요. 그 느낌에 관한 이야기입니다.

**

5주

이번 주에는 종이를 돌돌 말아 아내의 아랫배에 대고 '평범함'에 대해 이야기했습니다.

아빠는 왼손잡이요, 왼손잡이는 세상에 태어나기 전에 쌍둥이였을 가능성이 많다고 합니다. 앞으로 34주 후면 홀로 태어난 아빠와는 다르게 두 녀석 모두 건강하게 자라 세상 빛을 보게 됩니다. 세상에 아니 귀한 아이가 없듯 평범한 아빠에게 너무나 특별한 아이들인 이유는 둘이 쌍둥이여서가 아니라 세상에 더 더욱 깊은 교감을 함께할 '영혼의 동반자'가 세상에 점으로 생겨날 때부터 엮여졌다는 것입니다.

6주

적절한 과학기술의 발달로 동그란 점 하나가 생기고, 그 안에 자기 먹을 것을 짊어진 채 두 개의 세포가 인간이 되기 시작했습니다. 이 세상 누구나 다 겪은 일이되, 언제나 신기한 그런 일들이 생기는 것입니다. 그래서 더 특별합니다.

세상의 법칙은 참으로 오묘하고 황홀합니다. 어느 부분은 귀가 되고, 어느 부분은 손이 되고, 어느 부분은 심장이 됩니다. 그리고 어느 부분은 두 눈이 되어 34주 후에 저를 바라보게 될 것입니다. 그 눈이 평범하기 그지없는 사람이어도 좋습니다. 그저 맑은 눈으로 사물을 바라볼 수 있다면 더 바랄 것이 없다는 것. 이것을 말하고 싶었습니다.

- 6주차. 신설동 마리아.
- Twin 확정. 5주차 b-hCG 4400.
- 태낭과 배아, 육안 확인.

7주

한 몸 안에 심장이 3개가 뛴다는 것은 정말 경이로운 일입니다. 이번 주에도 종이를 돌돌 말아 아내의 아랫배에 대고 '경이로움'에 대해 이야기해 주었습니다. 작은 점 안, 더 작은 원 두 개에, 그보다 더 작은 원이 콩닥콩닥 뛰기 시작했고 열심히 힘차게 박동 중입니다. 이 작은 원이 심장이 되었습니다.

생각하면 할수록 황홀한 것은, 시키지도 않고 도와주지도 않는데 어떤 시점부터 스스로 뛰기 시작한다는 것입니다.

수십만 년 전부터 내려온 자연의 섭리를 그대로 따라 하는 셈입니다. 누구도 알려주지 않았는데 말입니다.

이것 참, 놀라운 일 아니겠습니까?

8주

손과 발이 준비되기 시작했습니다. 초음파로 아이들을 보고 있는데 한 아이가 빙그그르 우주 유영을 하듯 돌다가 손을 번쩍! 들었습니다. '아빠, 여기요!' 하는 목소리가 들릴듯했습니다.

어떤 사람은 심장 소리를 처음 들을 때 감격했다고 합니다.

어떤 사람은 태어나 아이의 얼굴을 보았던 때 감격했다고 합니다.

그런데 저는 '매 순간' 감격합니다.

얼떨떨합니다. 정신도 멍하고 걱정도 됩니다. 요즘 가장 생각
이 많이 나는 고사성어는 〈산 넘어 산〉, 그리고 〈모르는 게 약〉
이라는 속담! 알아서 남는 것은 막연한 걱정뿐. '투명대'라는 초
음파에서 볼 수 있는 목 뒤의 두께로 장애 여부를 간단히 예측
할 수 있는 시기가 왔습니다.

'우리 생각보다 아이들은 튼튼하다.' 라는 누군가의 말이 약이
되곤 합니다.

그래도 긴장은 자명합니다.

10주

이번 주에 가장 생각나는 말은 '소통'입니다. 커뮤니케이션.

초음파라는 아주 유용한 기계를 통해 점점 그럴싸해지는 아
이들의 모습을 보고 있자니 벌써 아이들이 제 귀에 대고 소곤소
곤 이야기를 하는 것 같습니다. 물론 이것은 저만의 착각일는지
도 모르겠습니다. 하지만 아이들과 엄마는 소통을 하고 있는것
이 분명한 까닭은 엄마의 머릿속, 귓볼 등에 온통 아이들의 호
르몬에 의한 여드름이 한가득하기 때문입니다.

이처럼 명확한 소통의 증거가 또 어디 있을까요?

11주

이번 주는 '액션'이 생각납니다. 반사 신경에 따른 운동이라고
하기에는 너무나 자유로운, 마치 해녀가 멱을 감듯 그 작은 방
안에서 온갖 유영을 하는데 가만히 보고 있는 저도 아주 신이

납니다.

사실 그 '액션'이 주는 의미보다 깔깔거리는 듯한 착각을 불러일으키는 회전들이 아주 경이롭고 자유로워 보였습니다.

두 녀석 모두 지금만큼만 자유롭고 편안하며 경쾌한 삶을 살 수 있기를…….

12주

이번 주는 시험이라는 용어가 가장 많이 생각납니다. 융모막 검사를 하였습니다. 고민 끝에 신뢰와 시험은 다른 이야기로 간주하기로 했습니다. 기대와 현실을 분리하기로 했고

애써 아이들을 신뢰하는 것과 현실은 다르다는 것을 되뇌며 검사를 했습니다.

그런데 두 아이 모두 정상이라는 통보를 받았을 때, 이토록 담담할 수 있는 것은 아마도 내심 신뢰와 시험은 같은 것이구나 하는 정도의 본심이 있었기 때문일는지도 모르겠습니다.

금주에 아이들의 키는 놀랍게도 5.81센티미터로, 제 손가락 중 하나의 크기였습니다.

벌써 아빠라는 단어에 익숙해지는 12주입니다.

13주

아아~ 놀라워라 ~ 놀라워라.

세상의 수많은 경이로움 중 으뜸을 꼽으라면 바로 이것???

-13주 입체 초음파를 보고 나서-

14주

이번 주에 가장 생각나는 말은 호들갑과 안절부절과 불안함과 기대와 느리게 가는 시간과 들으면 약이 되는 이야기와 안 들어도 좋을 독이 되는 지식과 그리고 점점 볼록해지는 아내의 아랫배입니다.

이 모든 중심에 아이들이 있었습니다.

15주

생활의 중심이 아직 얼굴도 못 본 아이들에게 집중되고 있습니다.

아무래도 일찍 퇴근해야만 할 것 같은 의무감이 생깁니다.

그런데……, 행복합니다.

16주

지난주에 일찍 퇴근해야만 할 것 같은 의무감이 생긴 이후에 무언가에 대해 아내의 아랫배에 대고 주절주절해야 할 것 같은 의무감이 생깁니다.

그래서 그런지 더더욱 행복합니다.

17주

이번 주에 가장 생각나는 말은 〈알아채다〉입니다.

요즘 저는 그 어떤 둔감한 사람이라도 알아챌 수 있는 '아이를 가진 아내의 남편'으로 살고 있습니다. 점점 나오기 시작한 아내의 배는 점점 자라나는 아이들의 크기와 비례하지 않겠습니까?

이런 비례가 커지면 커질수록 사람들은 당연히 더 잘 '알아챕니다.'

기쁜 일입니다.

18주

이번 주에 가장 살가운 말은 〈신호-Signal〉입니다. 태동이 시작되었습니다.

아, 태동만큼 아이들이 뱃속에 있다는 것을 명확히 쉴 새 없이 깨닫게 만들어 주는 것이 또 있을까요? 반대로 다른 신호를 기다리는 것일지 몰라 아내의 아랫배에 대고 들어 보니 응답해 줍니다.

19주

최소한 의사와의 면담에서 만큼은 무소식이 희소식이 제일 '좋은 소식'이라는 것을 다시 한 번 깨닫습니다. 의사는 아무 말이 없다면 만사 오케이라고 했습니다만 아이들은 의사가 아니기 때문에 지금도 열심히 발길질로 유소식을 전해 주고 있답니다.

20주

금연을 했습니다. 그냥 아이들에게 좋을 것 같아서……

21주

도배를 했습니다. 그냥 몇 달 후 아이들이 집에 올 때 좋을 것 같아서…….

22주

한 녀석은 딸이고, 다른 녀석은 아들이랍니다.

머리를 긁적긁적합니다. 약간 어리벙벙합니다.

금주에 가장 많이 생각나는 성어는 '일.타.쌍.피'

23주

비밀.

일타쌍피에 잠시 기뻐하다가 아들 둘일 때, 또는 딸 둘일 때 와의 차이점에 대해 진지하게 생각해 봅니다. 쓸데없이 깊이 생각한 끝에 앞으로 남매로 자랄 두 아이는 서로에게 숨기는 것이 동성의 형제·자매보다는 훨씬 많을 것 같다는 생각이 듭니다.

남매의 맹점이랄까, 하지만 그래도 좋습니다.

24주

익숙함.

점점 아빠라는 말에 익숙해지려 합니다.

반대로 할 말은 점점 없어집니다.

아내의 배는 나오는데, 할 말은 점점 들어가네요.

조금 있다가 저는 다시 '남자'의 심드렁한 일상으로 되돌아갈 지도 모르겠습니다.

25주

공감.

아내가 말했던 "가슴에 지퍼가 있다면……." 말이 참 이해가 갑니다.

정말 아이들의 얼굴이 보고 싶습니다. 정말 궁금합니다.

임산부 철분제 광고에서 '아빠 닮았을까, 엄마 닮았을까?' 하는 장면이 다소 유치해 보였는데 지금 보니 유치함이 아닌 공감이었습니다.

26주

그냥 평범한 일상입니다. 익숙해지는 것이었습니다.

언제부터인가 다시 남자가 되었습니다. 날 때부터 익숙했던 그런 '남자' 말입니다.

"예비 아빠, 당신은 지금 어떤 생각을 하고 있습니까?"

Chapter 2

추억, 되뇌어 본다

아이들에게
내 좋은 기억만
Ctrl+c, Ctrl+v를
해 줄 수는 없을까?

동방빌라 사람들

　나중에 알고 보니 아파트 같은 라인 위아래층에 산다는 아줌마 두 명이 새벽이라 조용히 경광등만 켠 채 찾아온 경찰 앞에서도 악을 마구마구 씁니다. 날카로운 칼날 같은 고함에 잠을 깬 저는 다시 쉽게 잠들지 못하고 십수 년 전 신혼집을 꾸렸던 아름다운 '동방빌라'를 떠올립니다.

　애초 예정에 없던 그 빌라를 얻게 된 것은, 막 결혼을 앞둔 저희에게 전셋돈이 충분치 않았기 때문이기도 하거니와 어떻게 그 집을 찾게 되었는지는 기억나지 않지만, 혹시나 싶어 처음 그 빌라를 찾아갔던 날, 동네 초입, 분홍빛 흰빛이 절묘하게 어우러진 코스모스로 깔끔히 단장된 신작로가 너무도 마음이 들었기 때문이었습니다.

　전형적인 민가 삼십여 채의 시골 마을에 생뚱맞게 'ㄱ'자 형태로 우두커니 서 있던 노란 빛깔의, 엘리베이터도 없는 5층 빌라에는 검고 커다란 굴림체로 이렇게 쓰여있었습니다. 『동방빌라 101동』. 굳이 '101동'이라고 한 건 아마도 그 빌라를 지은 다음에 또 다른 동을 지으려 했던 건설회사의 욕심을 표현한 것이겠지만 어쨌거나 빌라는 한 동만 덩그러니 서 있었습니다. 우리에게 전세를 내준 할머니는 시내 사창가 앞에서 수레에 과일을 싣고 다니며 팔아 모은 돈으로 그 빌라를 샀다고 했는데 할머니의 고된 일생을 말해주듯 자글자글한 주름이 가득한 손으로 어디선가 구해 온 전세계약서에 도장을 힘껏 찍으면서 말씀하시더군요. "이전에 살던 다방 여주인이 살림을 하나도 안 해 지저분하겠지만 그래도 잘 닦고 보면 '좋은 집'이니 아껴 살거래이." 할머니 말대로 입주한 이후에 단 한 번도 청소를 안 했을 것이라 확신하게 만드는 그 묵은 때를 벗겨 내고 보니 이름 없는 건설 회사의 이름 없는 빌라치고는 꽤 살만하겠다 싶더군요. 집주인 할머니는 우리와의 '첫 거래'에 매우 만족했는지 기분 좋은 표정으로 같이 있던 장모님께는 과일 몇 개를 담아 봉투에 넣어주셨지만 제게는 과일 대신 "신랑은 여기 여자 집(사창가) 안 가지?" 하는 전혀 상황에 어울리지도 적절하지도 않으며 민망하기 그지없는 질문을 하는 바람에 할머니가 준 사과만큼 얼굴이 빨개진 것 말고는 제게도 아주 만족스러운 계약이었습니다.

아내가 마련한 침대와 가전을 들여올 때는 근처에 여성 전용 노인정이 있나 싶을 정도로 많은 할머니들이 모여 구경을 했습니다. 그중 우리 윗집이 될 502호 할머니의 호기심은 타의 추종을 불허 할 정도여서 "아야, 아야, 신접 들어오나?" 하고 말을 걸기 시작하더니 방안까지 들어와 "귀한 침대 냉장고 조심해 들거래이." 하며, 안 그래도 바쁜 이삿짐 아저씨의 심기를 거슬리며 온 방을 휘젓고 다녔었습니다.

할머니는 말 그대로 홍 반장과 같았습니다.

처음에는 둘 다 맞벌이라서 할머니가 우리 생활에 '침투'할 기회가 거의 없었는데, 아내가 직장을 그만둔 후에는 우리 가족 또한 이 홍 반장 같은 할머니의 '나와바리'에 자연스럽게 편입되었습니다. 단독 세대주로만 보면 동방빌라에서 제일 어리고 싱싱한 스물아홉, 스물일곱의 이 어린 부부의 일거수일투족은 자연스럽게 할머니의 "동네방네 〈공유〉해야 할 소식 목록"에 들어가게 되었습니다. 현관 앞 신발장이 난데없이 쓰러져 출근하던 신랑을 깔아뭉갤 뻔했다거나, 서울 사는 새댁의 시어머니는 매주 찾아올 법한데 어째 석 달이 가도록 얼굴 한 번 안 비치니 시집살이 할 만한가 보다는 식의 이야기는 동방빌라 바로 옆 주택에 사시던(정말 한쪽 눈에 장애가 있었는데 시골에서는 별 미안한 감도 없이 이름처럼 쓰이는) 애꾸 할머니 등에게 바로 전달이 되었습니다. 그중 가장 '절정'에 달하는 이야깃거리는 저희가 결혼한 지 1년이 넘도록 '아이'를 안 만든다는 사실이었습니다. 어떤 때는 진심이 눈에 보일 정도로 "소식 없제?" 하고, 어떤 때는 솔직하기 이를 데 없이 "소식 없제?, 그래도 시어매 암말 없나?" 해서 죄 없는 아내의 염장을 지르곤 했지요.

그래서 그런가 홍반장 할머니는 그즈음 뒤늦게 신기(神氣)가 있어 족집게가 되어 가는 할머니의 '절친'인 애꾸 할머니에게 용돈을 주는 셈치고 점 한번 보라고 했는데 왜 하필 할머니의 가장 '절친'인 애꾸 할머니가 신기가 있어야만 했고 또 만원이라는 복비를 미리 협상해야 했는지는 모르겠지만 애꾸 할머니는 마치 제가 "네, 그러시지요."할것을 예의 그 '탁월한 신기'를 통해 미리 알았던 것처럼 번개같이 저희 집에 도착하셨습니다.

애꾸 할머니는 물 한 그릇을 청해 무릎 앞에 놓고 우리 부부 사주를 묻고는 "할배요, 할배요." 하며, 새끼 꼬듯 손을 비비며 기도를 하기 시작했습니다. 할머니의 기도가 워낙 진지해서 은 근히 심각해질 때쯤 한쪽 눈을 동그랗게 뜨더니 전에 없이 걸걸 한목소리로 "신랑 귀신 보는 갑네?" 했습니다. 제가 "귀…… 귀 신이요?" 하니, 할머니는 그 동그란 한쪽 눈을 더 동그랗게 뜨 며, "귀신! 전설의 고향에 나오는 귀신 말이라! 신랑 요즘 잠 잘 못 잘끼라" 하는 것이었습니다. 정신이 번쩍 들더군요. 실제로 그랬기 때문입니다. 제가 주로 꾸는 꿈은 '동방빌라 302호' 앞방 에서(사실 베란다가 있어 실제로는 보이지 않지만) 주차장을 내 려다보면 주차장 바닥에 실제로는 없는 우물에서 소복을 입고 머리를 푼 귀신이 불쑥하고 나타나 제게 달려오거나 3층에 있 는 우리를 물끄러미 쳐다보고 있는 것이었습니다. 그 꿈이 얼마 나 생생한지 한번은 잠결에 아내 손을 붙잡고, "도망가야 해. 도 망가야 해!" 하며 침대에서 뛰어내려 구르게 할 정도로 현실감 이 있었지요. 이사 온 후 일주일에 한 번은 식은땀에 흠뻑 젖을 정도로 혼을 빼놓는 무서운 꿈을 꾸곤 했습니다. 괜스레 긴장하 는 제게 할머니는 근엄한 목소리로 "괘안타. 여기 터가 워낙 센 데다 신랑 기가 약해서 그런 기라. 여기서 얼라 나으면 위인 난 데이.". 하고는 여전히 손을 부들부들 떨고 과거시험을 준비하는 학동이 책을 읽듯 몸을 좌우로 천천히 흔들면서 "신랑 둘째 증조 할마이가 삼신 서려 하네……"라고 말을 했습니다. 그때 할머니의 신기가 다시 장난스럽게 느껴졌는데 제게는 둘째 할머니가 없었기 때문이었습니다.

애꾸 할머니는 이미 바닥을 친 제 신뢰 따위는 상관없다는 듯 장시간의 기도로 우리를 축원했습니다. 물론 "저희 증조할머니는 한 분이신데요?" 하는 항의도 가볍게 무시되었습니다. 결국 할머니는 "둘째 할머니가 삼신 서려 한다. (손으로 가위 표시를 하며 권총 쏘는 흉내를 사실감 있게 내면서) 조만간 신랑 뒤통수 '빵!'하고 시게(쎄게) 맞겠네" 하고는 우리 부부가 "대박은 힘들고 그럭저럭 굶지 않고 먹고살 팔자."이고, "아주 궁합이 딱 맞거나 안 맞거나 한 덕택에 더 오래, 잘 살 것."이라는 그다지 위안이 되지 않는 몇몇 점괘를 내놓았습니다. 그리고는 그다지 믿을 만해 보이지는 않았지만 할머니의 점괘가 주는 성의가 감사해서 내놓은 원래의 복비 만 원과 성과급 이만 원을 받아 들고 후르룩 사라졌습니다. 홍반장 할머니와 애꾸 할머니의 표정은 만족 그 자체였습니다.

물론 나중에 저희 아이들 태몽에 실제로 나타나신 증조할머니가 알고 보니 자식 없이 첫 상처한 증조할아버지의 두 번째 부인이었다는 사실과 몇 달 후 누군가 제게 몹쓸 짓을 해서 말 그대로 뒤통수 빵 때리는 일을 겪었다는 것과 그 시골 동네가 한창 개발 중이던 그 도시에서 마지막 남은 풍수 명당이어서 검찰총장을 한 명 배출하고 검사는 네댓 명을 배출한 동네라는 사실을 두고 보면, 할머니의 신기(神氣)는 정말 '신기(神技)' 그 자체여서 제가 드린 복비 삼만 원은 어쩌면 싼 값이었을지도 모르겠습니다.

한편 홍반장 할머니의 아들은 돼지를 직접 잡아 여러 식당에 넘기는 일을 하는 사람이었는데 놀라울 정도로 순박한 얼굴을 하고 있었습니다. 그는 늘 어머니에게는 유치원 아이들이 "네네, 선생님!" 하듯이, "네…… 네. 알겠심더."만 할 줄 아는 착한 아들이었지만 술을 먹으면 주사가 있었고 사실 그 주사라는 것이 혼자서만 부리는 주사일 뿐 가족에게는 큰 잘못을 안 해서인지 가끔씩 할머니가 "어디 부탁할 총각(?)이 없어서" 하며, 미안한 표정으로 불러서 나가 보면 논두렁에 걸쳐 있거나 떨어진, 아들의 오토바이를 대신 끌어다 놔 달라는 부탁이 귀찮을 뿐 대부분의 주사는 민폐 없이 끝나곤 했습니다. 그럴 때마다 논두렁 흙탕물을 뒤집어쓴 아들은 저런 곡이 있었나? 싶을 정도로 생경한 노래를 몇 곡 부르고는 그냥 자 버리곤 했습니다. 그는 착한 아들이었습니다. 가끔씩 인사를 하는 제게 "우리 어무이 잘 받아 줘서 고맙습니데이." 하며, 나이가 어려도 한참 어린 제게 깍듯이 존대를 해서 되레 불편하게 만들곤 했지만 그 순박하기 그지없는 홍 반장 할머니의 효자 아들이 그날 배를 가른 돼지의 영혼이 미처 하늘에 도착하기도 전에 구워낸 삼겹살을 동네 사람 모두 옥상에 모여 서로 권할 때는 정말이지 살가운 친형 같기도 했습니다.

그 집 말고도 동네 사람들은 제각각 재미난 구석이 있었습니다. 근처 공사장이 많아서 인부들을 위한 '밥집'을 해서 돈깨나

만지게 되었다는 몇 호 아줌마는 혼자 사는 과부였는데 누군가
"노래 한 곡 해!" 하면 두 손을 설레설레 흔들며 "아이~ 나 노래
못해."라고 말하곤 했습니다. 그런데 노래를 못하겠으면 안 해야
하는데 "나 노래 못하는데……." 하는 말이 끝나자마자 누군가
말릴 새도 없이 벌떡 일어나 노래를 불러 댔으며 그 구성진 노래
는 온 하늘을 찔렀고 바로 옆집에서 홀로 사는 50대 노총각 아
저씨의 마음은 더 깊이 찌르곤 했습니다. 그 아저씨는 아줌마가
그럴 때마다 "또 준비했네." 하며 툴툴대면서도 박수를 제일 열
심히 쳐 주거나 꼭 잊지 않고 우레와 같은 목소리로 '앵콜'을 외
쳐 주고는 미리 준비해 둔 김치를 둘둘 만 잘 익은 삼겹살을 입
에 넣어 주면서, 아무도 묻지 않는데 저 아줌마와 나는 아무 사
이도 아니라고 부러 강조하곤 했습니다.

그 빌라에는 그럴만한 사람들이 그렇게 살았던 것이었습니다.

함바집 아줌마의 목청이 총각 아저씨를 황홀하게 만든 것처럼
참으로 매혹적이었던 그 동네의 코스모스가 한 번 지고, 두 번
지고, 논두렁에 서리가 내리고, 애꾸 할머니의 신기가 점점 떨어
진다는 소문이 들리던 어느 날에는 갑자기 폭설이 내렸는데 낑
낑대며 어설프게 체인을 채우던 저를 별말씀도 없이 슬쩍 밀쳐
내고 순식간에 체인을 채워 주고 귀신처럼 사라졌던 옆 라인 식
당 집 아저씨의 뒷모습과 중학교 교사 '씩이나' 되는 년이 친어머
니를 이렇게 홀대해도 되느냐며 어떤 이유에선지 손주가 보고
싶은 데도 말 못하는 우리 맞은편 집 301호 할머니를 대신해 혼
을 내며 같이 울어 주었다던 동네 주택 번지 72호 할머니의 이

야기를 전해주던 아내의 표정이 선명하게 각인시켰던 동방빌라
에 대한 기억에는 뭔가 따스하면서도 말하기는 힘든 살갑고 뜨
거운 느낌의 무언가가 있었습니다.

경비도 없고 관리사무실도 없던 동방빌라 사람들은 매달 만
원씩 걷어 회식이나 노래방을 가곤 했는데 다른 행성에서 살다
지구로 뚝 떨어진 듯한 신혼부부에게 차마 '한 달에 만 원' 이야
기를 못 해, 두어 달을 머뭇대었다는 이야기를 나중에 들었습니
다. 어찌 보면 별일 아닌 이야기이지만 지금 생각해 보면 참 서
로 배려하고 조심하며 살았구나 하는 생각이 듭니다.

그렇게 몇 번 계절이 바뀌고, 아직 가을에 미치지 못한 여름
열기에 펄럭이는 먼지가 코스모스를 대신할 늦여름 참이었습니
다. 동방빌라보다 훨씬 더 세련되고 넓은 시내의 집을 구해 이사
를 가던 날에도 저희가 처음 이사를 오던 날처럼 할머니들이 모
이셨습니다. 그리고 여지없이 하얀색 구멍난 남자 내의에 몸뻬
를 배꼽까지 당겨 입은 홍 반장 할머니가 바빠지기 시작했습니
다. 할머니는 가스레인지를 들어내는 이삿짐센터 아저씨를 졸졸
따라다니며 '귀한 물건 조심해서 들거래이~' 하는 간섭을 해서
안 그래도 바쁜 아저씨의 염장을 다시 한 번 질렀습니다. 집주인
할머니도 처음 뵌 그때처럼 과일 봉지를 건네주었지만 이제는 그
럭저럭 신랑으로 사는 것이 익숙해진 제게 참으로 다행스럽게도
'아직도' 여자 집에 안 가나는 질문 대신 "더 살아도 되는데……."
하며 아내의 손을 맞잡았으며 웬일인지 그즈음 더 기운이 없어

보였던 애꾸 할머니는 신내리는 시간 말고는 으레 그랬듯 불편한 한쪽 다리를 학처럼 접고 회칠한 동방빌라 담벼락에 기대선 채 물끄러미 떠나는 저희를 아쉬운 표정으로 바라보았습니다. 새싹같이 어리고 푸른 신혼을 코스모스처럼 알록달록하게 보냈던 정든 신혼집. 동방빌라 101동. 그 어린 부부는 그렇게 떠나게 되었습니다.

꾸뻑, 인사를 하고 차에 올라탄 저희가 아무 말 없이 첫날 그토록 매료시켰던 코스모스의 잔해가 남아 있는 신작로를 지날 때 아내는 "그러게 더 살 걸 그랬나?" 했는데 그 말이 끝나자 마자 제 마음속에 아쉬움이 빗물처럼 쏟아졌고 그동안 저도 모르게 익숙해졌던 정겨움이 홍수가 되어 넘쳐났습니다.

마지막 날까지도 우리의 허리춤을 잡아끌었던 그 힘의 정체는 동방빌라 사람들이 함께 만들어낸 '정(精)'이라 불리는 미묘한 감정이었고 그 '정'의 흔적은 지금도 남아, 이제는 결혼 십오 년을 거의 채워 가는 중년 부부의 신랑이 된 제게 또 한 번의 잠 못 이루는 밤을 만들어 주는군요.

*

제가 경험한 사람 사이의 '정'이라는 것을 우리 아이들도 간간히 경험하고 나누며 살게 될는지는 잘 모르겠지만 한 가지 확실한 건 말로 표현하기 쉽지 않지만, 마음으로는 충분히 이해되는

그 정이라는 개념이 우리에게 그랬듯 우리 아이들의 삶을 잔인
하고 천박하지 않도록 도와주는 인생의 영양제가 되리라는 것입
니다.

　오늘도 누가 누구를 다치게 하고, 누가 어떤 비상식적인 행동
으로 타인에게 상처를 주었다고 이야기를 듣습니다. 그럴 때의
심정을 일곱 자로 표현하면, '뉴·스·보·기·겁·난·다'겠지만, 한
편 우리의 아이들이 앞으로 경험하게 될 수많은 '정'들도 그 겁나
는 소식보다 훨씬 더 많고 조용히 세상 곳곳에 뿌리 박혀 전해
질 것이라는 희망을 가져봅니다.
　그 희망이 현실이 될 수 있도록 하는 것은 우리 어른들이 해
야 할 몫이고 꼭 그렇게 해야만 하는 이유는 그 정이라는 것이
언뜻 무료하기 이를 데 없는 일상을 소소한 기쁨으로 채워주며
그 기쁨으로 만들어진 '행복'은 동방빌라가 제게 주었던 좋은 추
억만큼이나 좋은 기억을 우리 아이들에게 끊임없이 선물해줄 것
이라 믿기 때문입니다.

판박이 추억

세월이 갈수록 아들은 아들대로, 딸은 딸대로 나름대로의 특성을 가지고 살 것입니다. 그래도 한 가족으로 오랜 시간 살게 될 것이니 같은 추억도 꽤나 많이 만들 테지요. 오늘 아이들이 잠자는 모습을 가만히 바라보다 아이가 세 살을 넘고, 다섯 살을 넘고, 열 살, 스무 살, 서른 살을 넘을 때 무슨 일이 있을까? 곰곰이 생각해 봅니다. 그리고 나에게는 저 나이에 무슨 일이 있었을까 하고 회상해 봅니다.

• 옛날 시골에는 그리스(기름)를 바른 검정 나무 전봇대가 서 있었습니다. 왜 그랬는지는 모르지만 언젠가는 그 전봇대를 '정복'하리라 마음먹었고 그건 아마도 당시에 전기 공사를 하는 아저씨들이 '아이젠'을 차고 탁탁하며 원숭이처럼 전봇대를 오르내리는 모습이 무척 멋있어 보였기 때문일 것입니다. 그리고 그 결심을 잊지 않고 있던 저는 어느 날 전봇대를 껴안고 오르기 시작했습니다. 하지만 그날의 다부진 각오는 부질없고 초라해져서 실제로는 한뼘도 오르지 못하고 마음으로만 전봇대 꼭대기에 깃발을 꽂을 기세로 매달리다 기름발에 주우욱 미끄러졌고 입에

서는 자동으로 울음이 터져 나왔습니다.

이내 굵고 새까만 가시들이 제 뱃속을 마구 파고들었습니다. 온 동네 사람들이 달려들어 뱃가죽을 사정없이 이태리타월로 박박 문지르는 듯한 느낌이었고 저는 허공에 매달린 자전거에 탄 듯 거꾸로 뒤집어진 채 대포 같은 울음을 터뜨렸습니다. 제 울음소리가 정말 대포 소리처럼 들릴리는 만무했지만 바로 앞 구멍가게에서 또 다른 종류의 '대포'를 한잔하던 동네 아저씨가 뛰어나왔습니다. 아저씨는 방금 전까지만 해도 혼자 얼쩡대며 돌아다니다가 지금은 뱃가죽에 기름칠을 하고 가시를 꽂은 채 울어대는 저를 한심한 듯 잠시 바라보고는 마치 「바람과 함께 사라지다」에서 비비안 리를 안는 클라크 게이블처럼 두 팔로 저를 넓게 안고 집에 데려다 주었습니다. 놀라서 같이 나와봤던 술 친구에게 "정말 이상한 놈일세. 멀쩡한 전봇대는 왜 탄 거야?" 하고 중얼거릴 때 맡았던 술 냄새가 지금도 생생합니다. 술이 얼 큰했던 그 아저씨는 엉엉 우는 저를 엄마에게 데려다 주고 나서 도 모여든 동네 사람들에게 "아 글쎄. 내가 대포 한잔하고 있는 데 갑자기 동네가 떠나갈 듯 울더라구. 요 녀석이 구리수를 바른 전봇대를 탄 거 아니겠어?" 하며 떠들기 시작했습니다. 놀라서 나온 어머니는 애타게 기다렸던 택배 물건을 받듯 얼른 저를 받아 안으면서도 제 배에 꽂힌 가시보다 아저씨의 말을 더큰 마음의 가시로 생각했던가 봅니다. 그 흉물스런 전봇대에서 구출 해 준 점에 대해 감사의 말은 하면서노 비록 뱃가죽이 고슴도치 가 되었긴 하지만 나름 귀하디귀한 남의 아들에 대해 폭포수 같

은 침을 튀기며 이야기하는 그 아저씨에게 몹시 빈정이 상한 듯,
"왜 그런 위험한 짓을 했느냐?"며 제 볼기를 맹렬히 치기 시작했
습니다.

마치 엉덩이에 들이치는 압력으로 그 가시들을 모두 털어낼
수 있을 것처럼 쳐댄 볼기 덕분인지 저는 다시는 그 전봇대뿐 아
니라 미끄러질 가능성이 많은 모든 것. 심지어는 미끄럼틀에도
잘 오르지 않게 되었습니다. 아마 그때의 그 끔찍한 가시가 만
들어준 경험 때문일 것이고, 추억은 그렇게 '해야 할 것과 하지
말아야 할 것'을 자연스레 구분하게 만들기도 합니다.

가끔씩 소방관들이 출동할 때 기다란 봉을 타고 내려가는 장
면을 볼 때마다 제 아랫배를 슬쩍 쓰다듬으며 안심하는 이유도
아마 그 추억이 남긴 '따가운' 기억 때문이겠지요.

• 동네 할아버지의 아들이 녹색 '포니' 자동차를 새로 사서
때 빼고 광내고 할아버지께 인사를 드리러 왔습니다. 그 집 식
구들이 모두 들뜨고 신나는 표정으로 그 멋진 녹색 차를 구경하
러 나와 봤더니 웬 어린 녀석들이 그 차 위에서 뛰고 흔들고 난
리가 나는 광경을 목격하게 되지요. '양반집'이라고 자연스레 불
릴 정도로 대갓집 혈통을 고스란히 가진 할아버지와는 달리할
아버지의 아들은 대갓집 자제의 체통도 잊은 채 제가 얼마 전
전봇대에서 경험한 전율적인 충격을 똑같이 받은 것처럼 "이놈
들" 하고 소리를 버럭 질렀습니다. 그러고는 미친 악마처럼 두

팔을 허공에 휘저으며 번개처럼 뛰어 왔습니다.

　아이들은 놀라 저마다 다른 방향으로 도망쳤고 미친악마가 되었지만 그만큼 재빠르지는 못했던 아저씨는 도망가다 신발이 벗겨져 미적미적하는 한 녀석만 겨우 잡아 파출소로 넘겨 버리게 되었는데 그 어리바리한 녀석이 바로 접니다.

　아저씨가 독수리가 생쥐를 낚아채듯 저를 번쩍 들어 옆자리에 태울 때 제 손에는 겨우 건진 신발 한 짝만 있었고 그 무서운 파출소로 연행이 되는 것보다 나머지 신발 한 짝을 잃어버릴까 더 걱정했던 것이 기억납니다. 그런데 막상 파출소에 가자 그 파출소에서 가장 어린 ‘범죄자’의 관심사는 잃어버린 신발 한 짝이 아닌, 경찰들이 세워 놓은 육모 방망이로 변해 있었고 TV에서만 보던 방망이를 유심히 구경하고 있을 때, “고작 그깟 일로 애를 여기로 데려오면 어떡해요?” 하며, 동네의 풍기를 문란시키고 사유재산을 손괴했던 사건을 수사하던 경찰이 미친 악마에서 다소곳한 피해자로 변한 아저씨를 되레 혼내기 시작했습니다. 저는 MBC 인기 드라마 「수사반장」에서 본 것처럼 경찰 아저씨가 이 무시무시한 몽둥이로 아저씨의 등짝을 후려치지나 않을까? 싶어 울음을 터뜨렸는데 제발 조용히 좀 하라고 어르고 달래던 전투 경찰 아저씨가 허겁지겁 건네준 빵과 우유를 얻어먹고 나서 제가 진짜 걱정한 것은 아저씨의 등짝이 아닌 내 뱃속의 허기였다는 것을 알게 되었고 그 사이 조사를 마친 아저씨가 제게 눈을 흘기며 돌아갈 즈음 깜빡 잠이 들게 되었습니다. 그날은 저나 그 악마 아저씨나 저희 아버지에게나 무척 바쁜날이었을 것입니다. 저녁이 다되어 파출소에 찾아온 아버지는 저를 조용히 깨워 지금도 기억에 남는 파란색 삼천리 짐자전거에 태우고는 천천히 페달을 밟기 시작했습니다. 연행은 대낮이었고, 석방은 저녁 어둑어둑해질 때였습니다. 아버지는 그날의 '난장'에 대해 아무런 말 없이 자전거에 짐 대신 저를 '싣고'는 황톳길 비포장 도로를 달리기 시작했습니다. 그날 흔들리는 자전거의 전등이 바람에 춤추듯 휘날리던 미루나무 가지를 비추고 있었습니다. 끼익끼익하며 유달리 크게 들리던 페달 소리를 들으며 아버지의 옆구리를 꽉 껴안을 때 느꼈던 온기는 그 잃어버린 갈색 신발보다 제게 훨씬 더 또렷한 기억으로 남아 있습니다.

얼마 전 아이들 자전거를 고르면서 좀 비싸다 싶은 생각에도 '3000리' 자전거를 택한 이유는 그 자전거를 타는 아이들의 모습에서 당시 제 아이 또래였던 저를 바라보았던 지금의 제 나이 정도 되었을 아버지의 애틋함을 느꼈기 때문일지도 모르겠습니다.

• 어느 날 어머니가 아끼던 개. 이름이 잘 생각나지 않은 황구. 즉 누렁이가 당시 시골동네에서 간혹 길거리에 널어두곤하는 쥐약을 먹고 서울과 부산을 오가는 고속열차처럼 미친 속도로 골목길을 왕복하기 시작했습니다. 당시 수의사란 소, 돼지와 같이 '돈'이 되는 동물에게나 해당되는 직업이어서 그 누렁이 같이 혈통도 알 수 없고 출처도 알 수 없는 강아지가 먹지 말아야 할 것을 먹는다는 것은 별다른 조치 없이 죽어야 할 운명을 뜻

하는 것이었습니다.

그러나 '반려견'이라는 개념이 없었을 때임에도 혈통을 알 수 없는 잡종견에게 정을 주셨던 어머니는 예전에 제가 어떤 사람을 통해 본 적이 있어 조금은 익숙한 '미친 악마'처럼 날뛰는 개를 겨우 붙잡고 다급히 저를 불렀습니다.

"얼른 가게 가서 '사이다' 좀 사와!"

시골에서는 쥐약 먹은 개에 대한 민간 처방으로 세제를 들이부어 구토하게 만드는 방법을 더러 쓴다는 사실을 나중에서야 알았지만, 어머니는 왜 세제가 아닌 사이다를 이야기하셨을까요?

아무튼 어린 나이에도 다급한 일이라는 것을 직감해서 번개같이 구멍가게로 뛰어가 "사이다 다섯 병 주세요."라고 말했습니다. 그런데 개의 운명이 거기까지였는지 '쥐약'에 특효약으로 사용될 사이다는 품절이었고, 제가 사이다만큼 좋아하는 '환타'만 남아 있었습니다. 저는 쥐약 먹은 강아지의 취향 따위는 전혀 고려하지 않고 제 취향에 맞게 환타를 샀습니다. 그리고는 사이비 약장수가 허세를 부리듯 검은 비닐 봉투에 환타 다섯 병을 나눠 들고 털레털레 걸어왔습니다. 그러자 이제는 날뛸 기력도 없이 두 다리를 뻗고 거품을 물며 쓰러져 가는 그 개를 꼭 안고 눈물을 흘리던 어머니의 눈에서 '번갯불'이 튀었습니다.

"환타! 환타라니! 사이다라니까!!!"

어머니는 순간 격분했고 제가 사이다는 되는데, 왜 환타는 안 되는지 어리둥절해하며 멀거니 서 있는 사이 개가 거품을 한 번 더 쏟고 부르르 떨더니 이내 죽어 버렸습니다. 어머니는 그 개를 붙들고 이전보다 더 서럽게 울기 시작했고 그제야 제가 사이다 '대신' 환타를 사 온 죄가 얼마나 큰지 깨닫게 되어서 저도 엄마만큼 크게 울어 버렸습니다. 물론 그 울음에는 엄마의 눈물에서 전이된 슬픔은 반만 채워져 있었고 나머지 반은 '엄마는 저 많은 환타를 어찌 처리할까?'로 채웠지만요.

아내가 아이들을 혼낼 때마다 저는 그때 제가 사이다 대신 사 온 환타를 떠올리곤 합니다.

아이들이 정말 우리가 원하는 '방향'으로 원하는 '만큼' 반성하고 있을까?

내가 개의 죽음 앞에서 환타를 생각했듯, 저 아이들도 실제로는 '다른' 생각을 하고 있지 않을까?

어머니가 그때 쏟아 낸 '번갯불'만큼, 아내의 강렬한 '호통'이 재미있는 것은 바로 그런 이유 때문입니다.

• 동네 뒷산에는 어느 대갓집 산소가 줄줄이 있었는데 잔디 썰매를 타기가 매우 좋았습니다. 우리는 시간만 나면 그 산으로 올라가 썰매를 타고 뒹굴고 나무에 올라 놀곤 했습니다. 그리고 정해진 절차처럼 응가가 마려웠습니다. 하루는 늘 그랬듯 군인들이 파 놓은 진흙밭 참호 속에 쭈그리고 앉아 일을 봤고 주변의 나뭇잎으로 쓱쓱~궁둥이를 닦고 집에 왔는데 그만 탈이 나고 말았습니다. 옻이었습니다. 하필이면 그날따라 유독 뒤처리를 지나치도록 광범위하게 한 탓에 궁둥이뿐 아니라 허벅지까지

옻과의 대전투가 벌어지기 시작했습니다. 미국의 유명한 소설가인 스티븐 킹도 저와 비슷한 나이에 비슷한 방식으로 옻에 걸려 고생했다는 이야기를 나중에 듣고 옻이 동서양을 가리지 않는다는 사실에 무척 재미있어했는데 그는 그 전율적인 상황을 이렇게 설명했습니다.

"부랄에 삼색 신호등이 켜졌다.", "부랄 한쪽이 머리통만 해졌다."

이 세상에서 그 상황을 그처럼 간단하고 명쾌하게 표현할 수 있는 경우는 많지 않을 것입니다. 제 부랄도 잘 익은 천도복숭아색으로 변했고 부랄을 중심으로 올록볼록 앰보싱 화장지와 견줄 크기의 물집이 생겼으며 저는 믿을 수 없을 만큼 격렬한 가려움에 연신 손을 모아 긁어 대며 괴로워하기 시작했습니다.

보다 못한 어머니가 출처를 알 수 없는 연고를 가져왔는데 그 연고는 제가 긁으면 긁을수록 빨개지는 부랄 만큼 바르면 바를수록 더 따가웠고, 따가움이 커지면 커질수록 제 '지랄'도 커졌으며 어머니의 한숨도 커졌습니다.

그런데 놀랍게도 그 연고 때문인지, 아니면 체질 덕분인지, 아니면 제 부랄이 충분히 복숭아만 해졌던 탓인지, 가장 심했던 왼쪽 궁둥이 아래 허벅지의 곰보 자국 몇 개를 제외하고는 가려움이 모두 사라졌는데 아무도, 심지어 어머니조차도 그 약의 성분을 모르고 있었고 그날 이후 저는 하다못해 '신문지'라도 들고 가는 버릇을 만들었습니다. 모든 생물에는 제 각각의 용도가 정해저 있다는 진리를 깨닫게 만든 복숭아만 해진 부랄이 주었던 경험 때문이겠지요.

· 어느 어스름한 저녁, 그때 갓 두세 살이 된 여동생의 세발 자전거를 가져다 골목에서 홀로 타고 놀던 제 귓가에 누군가 지르는 고함이 번개처럼 내리꽂혔습니다.

"태극호 한다!"

「태극호」는 땅을 파고 들어가서 깃발을 찾아 힘을 키우며 악당을 물리친다는 내용의 흑백 TV만화였는데 그 당시 대부분 아이들처럼 저도 그 만화를 정말 좋아했습니다. 그 소리에 정신이 번쩍 든 저는 지금의 블레이드를 타 듯 세발자전거의 뒤 판에 한 발을 올리고 다른 한 발로 밀어젖히며 집으로 달려가기 시작했습니다. 그때 일이 벌어졌습니다. 방금 지나친 파란 대문 집에서 작고 하얀 강아지가 번개처럼 튀어나오더니 자전거 뒤 판에 얹은 제 가느다란 뒷다리를 사정없이 물고는 또 번개처럼 사라져 버렸던 것이었습니다. 어젯밤에 아들 녀석이 제 팔뚝을 핥다가 갑자기 콱 물었는데, 딱 그 기분이었습니다. 저는 「태극호」고 뭐고 뒷다리의 통증보다 그 조막만 한 강아지가 제 다리를 물면서 냈던 우악스런 개소리가 만든 난데없는 재난에 더 놀라서 떼굴떼굴 구르며 울기 시작했습니다. 「태극호」를 보는 것보다 제가 우는 것이 더 재미있었는지 모르겠지만, 동네 사람들이 거의 다 나오다시피 했습니다. 며칠 전 이유 없이 전봇대를 타서 뱃가죽이 고슴도치가 되고 그 후에는 경찰서에 끌려갔다 오더니 환타 몇 병을 외상으로 들고 뛰고 부랄이 삼색이 되었던 이 불쌍한 녀석이 이젠 개에게까지 물리는구나 하는 표정으로 저를 둘러쌌습니다. 저는 마치 내 고통의 표현은 울음의 강도와 비례한다는 듯 더 울어재꼈습니다. 하늘이 떠나가도록!!!.

아버지는 또 클라크 게이블이 비비안 리를 안듯 저를 안았고, 어머니는 나동그라져 있는 자전거를 챙겨 왔습니다. 솔직히 그때 두 분의 심정을 세 글자로 줄이면 '창피함'이 아니었을까 싶습니다.

사람들이 이리저리 돌려보던 제 한쪽 종아리에 이빨 자국 두 개가 선명했습니다. 이 연극 같은 상황이 어떻게 끝나는지 끝까지 볼 참이었는지는 모르겠지만 집에까지 들어온 몇몇 사람들 사이에서는 광견병 이야기가 광견병처럼 나돌기 시작했습니다.

"얼마 전부터 그 개가 미친 것처럼 보였는데……."

사람들은 이제는 울음을 멈추고 콧물을 질질 쏟아내는 제 옆에 붙잡아 온 강아지를 같이 깔아 놓고 광견병에 대해 이야기했습니다. 아무도 사건의 주체인 강아지와 저에 대해 신경을 쓰지 않았습니다. 파란대문집 아주머니의 양팔에 눌려 있던 개는 배를 보이며 뒤집어져 있어야 하는 상황이 못내 불쾌한 듯 이빨을 허옇게 드러내며 침을 질질 흘렸고 물기가 좔좔 흐르는 긴 혀로는 제 얼굴을 핥을 기세로 숨을 헐떡였습니다. 그 개는 잘 몰랐겠지만 개와 비슷한 자세로 마루에 눕혀지고 눌려 있었던 제 기분도 그 개의 처지와 '동급'이 되어 있었습니다. 그리고 한참을 그렇게 이야기하던 사람들이 드디어 결론을 냈습니다. 저와 개 말고는 누구나 만족할만한 합의점을 찾은 것이었습니다. 그 개에게 연대 책임을 가진 파란대문집 아줌마가 거의 제 얼굴에 닿을락 말락 붙은 채 헐떡거리는 개의 털을 한 움큼 뽑고는 달궈진 깡통에 물과 함께 섞어 보약을 달이듯 달이기 시작했습니다. 그 다음 움푹 파여 이빨 자국이 선명한 제 종아리에 낡은 칫솔로 그 물을 몇 번씩 겹쳐 발랐고 아줌마는 그 일을 마쳤다는 걸 만방에 증명하듯 누렇게 변한 칫솔을 깡통에 통! 하고 소리 나게 던져 놓는 것으로 치료를 마쳤습니다. 불만족으로 가득한 개와 저만 빼고 사람들은 모두 만족스런 표정을 지었습니다.

지금 생각해 보면 그 개나 저나, 둘 다이든 각각이든 매달 동네에 들르던 개장수에게 팔려가지 않은 것만 해도 다행이었겠지만 더 다행인 것은 그 파란대문집 아줌마가 행했던 의료적 초식이 어떤 원리와 처방이었든간에 제가 광견병에 걸리지는 않았다는 사실이었습니다.

＊
＊

'큰 것', '신기한 것'이 대단한 장점이 된 지 오래되었습니다.

저희 동네에 'OO구에서 최대'라고 광고하는 키즈 카페가 생겼는데 온갖 신기한 놀이기구들로 가득 차 있고, 놀이터는 교실 몇 개 크기로 넓어서 아이들을 풀어놓았을 때는 내심 흐뭇했습니다. 그런데 한참 후 그 안의 수많은 아이들이 사실상 '제각각' 놀고 있다는 사실을 알게 되었지요. 우연히 그 크고 넓은 키즈카페와는 상대도 되지 않게 작은 두어 평 크기의 모래 놀이터에 아이들을 데려갔는데 아이들은 더 친밀하고 다정하게 '서로'를 바라보며 놀고 있었던 것입니다. 그 일은 제게 큰 깨달음을 주었지요. 그건 세상은 더 화려해지고 더 다이내믹해지지만 마냥 크다고 다 좋거나 화려해서 더 신나는 것은 아니었다는 것이었습니다.

그런 면에서 덜 화려하고 기계적이지 않던 제 유년기와 제 또래의 유년기는 지금보다 훨씬 더 소박했지만 격렬했고 그만큼 많은 추억도 남아 있을 터였습니다. 아이들이 그 대형 키즈 카페의 놀이기구들이 가르쳐 주는 대로 '표준적이고 규범적'으로 노는 것을 보면서 문득 우리 아이들이 마냥 조용하게 놀고 모범적으로 즐기기만 한다면 이는 곧 제 추억의 상실을 증명하는 것이라는 생각도 했습니다.

아이들이 저처럼 엉덩이를 닦다가 옷에 걸릴 리도 없고, 탈 수 있는 전봇대도 없으며, 사실 골목 자체가 없어서 개새끼와 동급이 될 일도 이젠 없습니다. 그래서 아이들이 그런 이벤트 하나 없이 너무도 깨끗하고 지나치게 잘 다듬어져서, 결과를 충분히 예측할 수 있는 수평적이고 일상적인 추억만 가질까 봐 걱정됩니다.

아! 진심으로 아이들이 가질 추억이 제가 가진 추억보다 훨씬 더 많고 풍성했으면 좋겠습니다.

사랑3.0

한 여자아이가 있었습니다.

밝은 봄날이어서 그런지 어두운 시청각실에서도 여러 명을 경악하게 만들었던 그 멋진 미모가 더더욱 빛났습니다. 학교 기숙사에 살던 저는 어느 토요일 아침에 축구 시합을 했는데 땀투성이 검정색 '축구 빤쓰'를 그대로 입고 동기 어머니가 싸 주셨다는 '보쌈김치'를 뚜껑 없는 반찬 통에 담아 들고서 우연처럼 기숙사 앞에 나타난 그 친구를 멀거니 쳐다보았습니다. 그리고 생각했지요.

"아! 어쩌자고 하나님은 저렇게 '예쁜 여자'를 빚어냈을까?"

복학하고 처음 본 그 여자아이를 두고 다른 남자 후배는 "저 여자애를 처음 보는 순간은 모든 남자를 경쟁자로 생각하는 순간"이라고 했는데, 그 말은 정말 맞는 말이었습니다. 그 아이가 가입한 동아리에는 칙칙폭폭, 끊어진 철교를 향해 달려가는 폭주 기관차처럼 남자아이들이 몰려 들어왔습니다. 그나마 남아 있던 예비역에 대한 경로사상은 흔적도 없이 사라진 채 노소를 가리지 않고 온갖 환심을 사려는 애들로 바글바글했습니다. 숫자를 세진 않았지만 그 아이들을 모두 모아 군대를 꾸리면 아마 한 대대쯤 되었을 것이고, 번호를 붙인다면 500번이 넘었을 것이며, 그 대열에 합류한 제가 번호표를 받아야 했다면 482번쯤 되었을 것입니다. 유감스럽게도 그 어떤 교류도 없이 외모로만 누군가를 좋아하게 된다는 것이 '인간의 가치 판단 조건'에는 안 맞을지 모르지만 본능을 움직이기에는 충분했습니다.

저는 그 아이를 보는 즉시 좋아하게 되었습니다.

그리고 참으로 민망하게도 먼지 묻은 축구 빤스를 입고 김치를 들고 서 있는 모습이 그다지 호감을 주는 행위는 아니지만 그래도 내심 '혹시나 외모만큼 취향이 유별나 나를 좋아해 주지 않을까?' 하는 기대도 살짝 있었습니다. 한편 누군가가 전해 준 소식 중 기억에 남는 것은 개떼같이 몰리는 남자아이들과 벌떼같이 달려드는 '호의'에 질렸기 때문에 "그 여자애는 예쁘다는 말은 되레 싫어하더란다." 였습니다. 덕분에 "예쁘다고 생각하지 않지만 그냥 좋아서"라는 별 볼 일 없는 전략으로 접근한 몇몇 아이들이 "그럼 뭘 보고 저를 좋아하세요?" 하는 질문에 미처 대답을 못 해 추풍낙엽이 된 즈음에도 저는 여전히 멀찌감치 선 채 그 여자아이를 바라만 봤습니다. 숨을 헐떡이며 축구를 하는 순간에도, 친구 어머니가 전해 준 김치와 컵라면을 시식하는 순간에도, 이문열의 『변경』을 읽으며 주인공 '간다'가 백치미 흐르는 여자애와 사랑을 하는 장면에 이르는 그 순간에도 그 아이를 생각하며 히죽히죽 웃으며 내가 그녀의 주인공이라면 얼마나 좋을까 하고 상상하곤 했지요.

당시 저는 석간신문을 돌리는 아르바이트를 했는데 보급소에서는 별 볼품 없는 '88' 오토바이를 주었습니다. 어느 날 ○○아파트에 신문을 돌린 후 오토바이 시동을 걸고 출발하려는데 속어로 '쇼바-(Damper)'라 불리는 지지대가 빠져서 잘 단장된 화단 모퉁이로 넘어졌습니다. 귓가에 '발라당' 소리가 들리는 듯했지요. 볼썽사나운 일이었습니다. 그리고 그때 그 아이가 밀레의 명작, 『만종(晚鐘)』 분위기가 나는 운치 있고 고즈넉한 저녁노을을 등지고 대관식을 앞둔 왕비처럼 우아하게 서서 참으로 품위 없이 허우적대는 저를 물끄러미 보고 있다는 사실을 알게 되었습니다. 그런데 그 아이가 빠른 걸음으로 다가와 아픔보다 창피함에 사방을 둘러보는 제게 "우리 학교 학생이시죠? 괜찮으세요?" 하며, 섬섬옥수 같은 손으로 쓰러진 오토바이에 걸친 신문 더미를 잡아 주었습니다. 덕분에 모든 상황이 꿈만 같고 아름다워졌습니다. 그 순간 축구 빤쓰와 땀 냄새, 라면과 김치, 그리고 헛되이 포기했던 '사랑에 대한 희망'이 뇌리에 떠오르면서 정신이 아득해졌던 것입니다. 여자아이는 세워도 세워도 자꾸 쓰러지려는 신문 더미를 꽉 잡은 채 제가 몸을 추스릴 때까지 가만히 기다리며 저를 바라보았습니다. 저는 비명을 지르며 떼굴떼굴 구르고 싶을 정도로 발 받침에 채인 정강이가 아팠지만 전혀 아프지 않은 듯, 이따위 고통은 당신의 미모에 비할 일이 아니다 하는 허세를 부리듯 비상식적으로 아픈 정강이는 애써 모른척하며 상식적인 수준의 '감사 인사'를 겨우 하고는 그 아이가 절대 볼 수 없는 뒷골목 구석으로 도망쳤습니다. 그리고 시퍼렇게 까지고 멍든 정강이를 비비면서 쓰나미 같은 후회를 했습니다. 사실 제가 진짜 하고 싶었던 말은 '내가 사실은 너의 이름을 알고, 간혹 너 때문에 내 전공과목은 포기한 채 너의 전공과목을 청강하며, 또 가끔씩, 사실은 매우 자주 뒤에서 그저 물끄러미 너를 바라보다 사라지곤 하는 남자'라는 말이었습니다.

아, 용기가 88오토바이의 싸구려 쇼바만큼도 단단하지 못한 나라니!

몇 번이나 다른 내용으로 들려오던, 그 아이와 '사.귀.는'행운을 안은 친구가 시내에서 이름난 어느 중형 병원장집 아들이더라, 어느 호텔 사장의 셋째 아들이라더라 하는 소문에 더 이상 절망하지 않게 될 정도로 멀리서 지켜보는 것이 익숙해졌을 때도 그 아이는 여전히 예뻤고 여전히 인기 있었으며 여전히 괜찮은 친구였습니다. 저는 그 아이가 어떤 사람과 사귀더라도 저로 인해 영향을 받을 일은 절대 없을 것이라는 것을 뻔히 알면서도 그 아이의 일상에 귀를 쫑긋 세우며 살았습니다. 김한길의 『여자의 남자』를 읽으며, 만약 그 아이와 스키장에 가면 소설 속 주인공들처럼 인연이 생기지 않을까 상상하곤 했으며 또 안정효의 『하얀전쟁』을 읽으며, 그토록 생생한 전쟁 장면과 어울리지 않게 문득 녹차를 몇 번이고 우려내어 음미하듯 그 친구가 "괜찮으세요?"하고 물어주었던 그때를 곱씹으며 젊음의 한때를 보냈던 것입니다. 그 아이를 보았던 정강이 채이는 고통과 기대가 상존하는 그 동네에 가면 쓸데없이 아파트 단지를 몇 번이나 돌았고,

혹시 한 번 더 정강이를 채이게 되면 그 아이가 다시 나타나지나 않을까 하며, '나의 88아! 빠져라 바퀴'를 주문하기도 했고 아파트 앞 나무 등걸에 쓸데없이 기대선 채 그 아파트의 출입문을 바라보며 오늘 나타나면 한 번쯤 하고 각오를 다지기도 했었지만 웬일인지 단 한 번도 내가 바라던 때 그 아이를 만나지 못했습니다. 정말 아무 생각 없을 때만 유독 자주 교정에서 마주치게 되고, 그런 때는 목례를 하거나 간단한 안부를 묻고 말았지요.

그러던 어느 날 어쩌다 딱 한 번 여러 명 사이에 끼어 우연히 같이 차를 마시게 되었는데 황홀감에 파묻혀 그 애를 바라보다가 바람에 흩날리던 깃털이 어깨에 조용히 내려앉듯 어떤 미묘한 느낌이 제 머릿속에 살포시 자리 잡았다는 걸 알게 되었습니다. 늘 그렇듯 이번에도 본능보다는 이성이 현명했던 것입니다. 그 이성이 말해 주는 것은 그 아이와 나는 절대 인연이 될 수 없다는 사실이었고, 그보다 더 크고 중요한 것은 서로에게 나쁘지는 않을지 몰라도 서로에게 어울리는 유형은 아니라는 사실이었습니다. 사실 일찌감치 그걸 깨달았지만 제 감정이 만들어 낸 미련이 그 진실을 애써 모른 척했을 뿐이었던 것입니다.

그걸 깨닫게 된 후에 저는 제 스스로 혼자한 사랑을 혼자 포기했습니다. 이런 경우를 '지랄'이나 '주책'으로 표현하곤 합니다만 저는 '담담하다'로 표현하는게 맞다고 생각합니다. 그래서 가슴에 털이 많아 '움직이는 털 뭉치'라는 긴 별명을 가진 같은 과 선배가 지극히 아쉬운 표정으로, "그 친구 졸업 즉시 '취집'한다더라."는 소식을 들려주었을 때도 꽤나 무심한 '척'을 할 수 있었지요. 그런데 사람이 참 이상했습니다. 학위 수여식 내내 그 많은 사람들 틈에서 특별한 의미를 두지 않았음에도 왠지 모르게 그 아이의 얼굴을 마지막으로 한 번은 볼 수 있지 않을까 하며 두리번거렸던 나를 생각해 보면 이것이야말로 같이 하지는 못하지만, 그렇다고 따로는 아닌 〈따로 또 같이 1.0〉의 시작이었던 셈입니다.

졸업을 하고 취직을 하고 결혼을 하고 억지로라도 허허 웃으며 일상을 보내는 대부분의 날에는 아내 덕택에 무척 행복했지만 예고 없이 찾아오는 외상값 수금원의 갑작스런 출현에 놀라듯 불쑥 그 아이 생각이 나곤 했습니다. 이사를 하며 짐을 정리하며 발견한 앨범을 보다가, 외국으로 잠시 떠나는 날 여정을 살펴볼 때, 넘어지고 엎어지는 슬랩스틱 개그를 보며 깔깔대며 정신없이 웃던 어느 순간에 묶음 상품처럼 그 아이에 대한 생각이 잠깐 스치듯 나타났다 사라지곤 했던 것입니다.

그렇게 따로 또 같이 1.0으로 살던 어느 날 미용실에서 순서를 기다리며 뒤척인 여성 잡지에서 그 아이가 원숙미 넘치는 세련된 모습으로 누구의 아내로 멋지게 살고 있다는 기사를 봤을 때 아련한 옛 시절이 또 생각났습니다. 그 아이가 고풍스런 가구들 사이에 다소곳이 앉아 있는 사진을 유심히 쳐다보며 또 한 번 생각했지요.

"아, 하나님은 정말 어쩌자고……."

그렇지만 예전과 달리 미용사의 미친듯한 가위질에 뭉텅뭉텅

잘려나가는 제 머리칼처럼 추억도 같이 떨어지고 있었습니다. 머리를 깎고 밥을 먹고 회사에 가고 돌아오는 일상을 살면서 종점과 기점을 끊임없이 오가지만 더 이상 추억 따위는 싣고 달리지 않는 마을버스처럼 털털거리며 일생을 살다가 딸과 아들을 얻고 아이들 얼굴을 바라보며 사는 것이 익숙해진 어느 날. 저는 더 이상 그 아이가 제 옆에서 '따로 또 같이 1.0'을 실현하지 않는 사실을 알게 되었습니다. 그저 잘살고 있구나 하는 옛 친구의 소식을 담담히 듣는 정도랄까…….

'따로'가 한층 더 커지는 그런 느낌 때문에 '따로 또 같이 2.0'.

또 시간이 흘렀습니다. 아빠가 되고 이젠 아이들의 얼굴만 바라보면 충분히 행복한 시절이 되었습니다. 사내 방송을 보다가 어느 한 장면에서, 정확히 말하면 여자 사회자의 얼굴에서 "어? 저분 내가 아는 어떤 '애'랑 무척 닮았는걸?" 하고 지나가듯 말하고는 믿을 수 없을 만큼 담담한 심정으로 다시 밥을 먹을 수 있을 정도로 지난 시절에 그토록 뜨겁게 저를 달구었던 감정이 흔적도 없이 사라졌음을 알게 되었습니다. 이런 새로운 변화를 굳이 표현한다면 일생을 기억하겠지만 더 이상 특별하지는 않은 그런 일들 중 하나가 된 것이었습니다.

그래서 그림자처럼 따라다니다 안개처럼 사라지는 것이 추억이고, 또한 옛날 사랑이라 말하는 것이겠지요.

아직 사랑이라는 지극히 당연하고 소중한 세상의 이치를 경험조차 못한 아이들의 얼굴을 가만히 바라보며 오늘도 홀로 되뇌입니다.

"사랑이 영원하다고 말하지만 사실 진화한단다. 그리고 늘 더 좋은 쪽을 향해 가기 마련이지."

아빠가 되면 사랑도 3.0.

*

누군가 "딸이 예뻐요, 아니면 아들이 예뻐요?"하는 우스운 질문을 한 적이 있습니다. 그 질문에는 답을 못했지만 나중에 제 딸이 사랑하는 남자 친구를 데려오면 느낄 감정에 대해서는 말할 수 있겠다는 생각을 했습니다. 그 감정은 한마디로 표현하면 '서운함'이었습니다. 아직 일어나지도 않은 일을 상상하면서 명백하게 '서운함'이라는 단어가 떠오른다는 데 내심 깜짝 놀랍니다. 이뤄지든 아니든 사랑은 좋은 기억에 가깝다고 믿으면서도 상실감을 예측하는 것은 기묘한 일이지만 아들보다 딸아이에게 유독 그 감정을 느낄 것이라 예상하는 것은 또 다른 의미의 '상실감'때문이라 생각합니다. 그건 '딸바보'라는 유행어가 있을 정도로 딸 가진 아빠들이 느끼는 당연한 감정이라고도 생각합니다.

저는 지금 아빠로서 영원히 '따로 또 같이'가 성립되지 않을 그
런 진짜 사랑을 하고 있기 때문이지요.
"아빠라는 이름의 사랑……."

아이들을 볼 때마다 무언가로부터 심장을 깊이 찔리는 느낌입
니다.

미래, 생각해 본다

우리의 꿈이

너희의 행복을

먹어 치우면 어쩌지?

무서운 이야기

들쥐라는 멋진 소설을 쓴 이외수와 그린 마일, 미저리 등으로
유명한 스티븐 킹 두 작가 모두 '고양이만한 쥐' 이야기로 인간
내면의 '공포'를 이야기했다는 공통점이 꽤 재미있습니다. 현실에
서 먹이 사슬의 아래에 있는 쥐가 고양이만 할 리는 없기 때문
에 우리가 말하는 공포라는 건 쥐를 고양이만 하게 키워가는 자
신의 상상력 때문이라는 두 작가의 생각에 공감합니다.

막 겨울방학이 시작되었을 때였습니다. 새로 구해야 할 하숙
집 걱정을 하는 제게 누군가 경북 어느 초등학교에서 방학기간
동안 일할 '소사(小事-아마 일본식 표현일 건데 학교 관리인)보
조'를 구하는 특이한 아르바이트 공고가 나왔다는 사실을 알려
주었습니다. 정신이 번쩍 들더군요. 하늘이 내린 그 멋진 기회
를 누가 낚아챌까 조바심을 내며 급하게 학교로 출발했고 빙판
길에 두어 번 뒹굴고 하나님 부처님 제발~을 예닐곱 번쯤 외치

며 도착한 취업 보도실 게시판의 채용공고는 다행히 아직 주인
을 못 찾은 채 벽에 홀로 매달려 있었습니다. 물론 많진 않지만,
급여제공에 숙식제공까지, 원하면 3월까지 연장 가능이라니 이
게 웬 횡재인가 싶더군요. 장소는 경북 00군. 00면. 언뜻 들어
본 지역이긴 한데 "경북" 자가 들어가지 않았다면 어느 도에 있
는지도 몰랐을 생경한 지역의 투박한 경상도 사투리를 쓰는 그
학교 직원과 전화 면접을 보고 바로 출발했습니다. 기차로 다
섯 시간을 달리고 버스를 두 번 갈아 타고 도착한 그곳은 외지
다는 그 지역에서도 가장 외진 동네에 자그마한 운동장을 가진,
당시에는 어느 학교에나 다 있었을법한 반공 소년 이승복과 하
얀색 책 읽는 소녀 동상이 있는 1층 건물의 작고 초라한 초등학
교였습니다.

매서운 산바람에 벌벌 떨면서 도착한 제게 어느 깊은 산골에
서 평생 산적으로 살다 나온 것 같이 검고 억세게 생긴 얼굴에
언 듯 무례해 보이기까지 했던 총각 소사 아저씨가 맥주 유리컵
에 믹스커피를 가득 채워주고는 '시원하게' 원샷을 하라 말하던
장면이 어제 일처럼 선명합니다.

사실 당시 채용공고에는 약간의 거짓말이 들어가 있었습니
다. '숙(宿)'은 제공하는 게 확실했지만 '식(食)'은 사실상 자체 조
달이어서 교사 뒤편 일본식 건물 냄새가 물씬 나는 낡은 숙직실
에 쌓여있던 쌀과 반찬으로 스스로 밥을 해먹어야 하고 거기에
같이 일하는 늙다리 총각 아저씨의 밥까지 챙겨줘야 하는 '식모'
역할은 빠져있었기 때문이지요. '병간호' 때문에 자주(라고 말했

지만 사실은 거의 종일) 읍내에 가봐야 한다는 그 아저씨의 말은 그 대상이 한번은 어머니, 한번은 이모, 한번은 누군가로 매번 달라지는 바람에 그다지 신뢰할 수 없었지만, 생각보다 외지고 조심스러운 곳이라 다소 망설이는 표정을 짓는 제게 '머리를 식히는데 아주 좋은 환경일 것'이라며 다독거렸던 당직 선생님의 말씀은 지금 생각해보면 별일도 아닌 몇 가지 일로 지친감이 있었던 제게는 꽤 매력적인 것이었습니다. 더구나 다시 아홉 시간을 달려 집으로 갈 힘도 없었고, 가봤자 별 볼일도 없었기 때문에 그냥 그 아저씨의 밥을 챙겨주는 식모와 학교 시설물을 점검하는 업무 보조 역할에 충실하기로 마음먹었습니다.

아저씨는 가끔씩 제게 "몇 시에는 어디를 돌아. 교장실, 행정실 문이 닫혔나 보고. 돌면서 불이 날 만한 게 있는지 만 보면 땡 보직"이라 말했는데 사실 진짜 땡 보직은 말없이 사라져도 누구도 이의를 제기하거나 따지지 않을 충분한 자유가 있는 아저씨의 정체 모를 '메인 잡'이었겠죠.

선생님 말씀처럼 그곳 풍경은 참 좋았습니다. 저는 계절에도 제각각의 특별한 냄새가 있다고 믿는데 겨울 냄새는 잘 얼린 동치미 같은 기분을 들게 했고 그 겨울의 냄새가 저 멀리 밥 짓는 굴뚝이 주는 상상 속의 구수한 냄새와 잘 비벼진 비빔밥처럼 다가올 때는 그렇게 행복할 수가 없었습니다. 낮에는 방학인데도 학교에 매일 찾아와 놀곤 했던 몇몇 아이들과 눈밭이 다 되어버린 운동장에서 공을 차거나 학교 옆 냇가에서 얼음을 지치거나

이도 저도 아니면 군불을 지피고 가만히 앉아 고구마를 구워 먹거나, 행정실에서 커피를 마시고 졸다가 어쩌다 오는 전화를 받으며 지냈고 저녁에는 온돌에 검게 눌어붙은 장판 껍데기 위에 얇은 요를 깔고 뜨끈한 숙직실에서 등을 지지며 이문열의 『삼국지』를 읽는 것으로 소일하곤 했습니다.

행복하더군요. 그 생활이 너무나 행복해서 진심으로 그리고 진지하게 그냥 여기서 살까? 살아버릴까? 하는 생각을 하기도 했었지요.

그러던 어느 날. 술을 안 마신 것은 확실한데 늘 약간 취한 듯 보이는 그 아저씨가 여지없이 엄마인지 누나인지 이모인지…… 사실 그게 누구든 별 상관이 없었던 누군가의 '간병'을 하러 읍내로 사라졌던 날이었습니다. 원래는 저녁 일곱 시쯤 학교를 한 번 돌아봐야 했는데 깜빡 늦잠을 자고 일어나보니 밤 열한 시가 훌쩍 넘은 시간이었고 화들짝 놀란 저는 얼른 손전등을 들고 학교를 돌기 시작했습니다. 기름 광칠을 한 나무 복도와 교실들이 겨울 달빛에 반들반들 미등을 켠 듯 밝았습니다.

복도 양쪽 문은 일본식 여닫이문으로 되어 있었는데 한쪽 여닫이문을 열어보니 잠겨 있어야 했던 문이 스르륵 열렸습니다. 그리고 그때 별로 길지 않은 복도 저 끝에서 "끄에엑"하는 누군가 목을 조르는듯한 나직한 비명과 "따각따각"하는 난데없는 말발굽 소리가 들렸습니다. 한동안 계속 내린 눈에 비친 달빛 덕분에 더더욱 밝은 밤이었는데도 그 소리를 처음 들었을 때는 정말이지 머리가 쭈뼛, 천정을 찌를 듯 곤두섰습니다. 혼자 있어서 되레 비명을 못 지른 것이지 누구라도 있었으면 정말 간 떨어지는 비명을 질렀을지도 모를 일이었습니다. 심장이 쿵쾅대기 시작했고 그렇게 미친 듯이 날뛰는 심장 소리처럼 싸구려 왁스로 반들반들 닦여진 나무복도에 철자의자가 밀리는 소리 같이 나지막하지만 날카로운 "끄애에에에……" 하는 괴이한 소리도 점점 커지기 시작했습니다.

저도 모르게 자라목을 하게 된 저는 한참 동안 멍하니 있다가 그 소리가 들리는 복도 끝을 바라보며 슬금슬금 게걸음으로 그 교실로 다가갔습니다. 그리고 분명히 낮에 닫긴 것을 확인했던 그 교실 문도 현관처럼 반쯤 열려 있는 것을 발견했습니다.

목이 칼칼해지고 온몸은 두드러기처럼 소름이 돋아났고 그때제 심장을 옮겨 열차에 달면 거뜬히 부산까지도 끌고 갈 만큼 빨리 뛰는 심장을 주체하지 못하고 마른침을 꿀꺽꿀꺽 몇 번을 삼킨 후에야 겨우 "거기 누구……" 하고 죽어가는 소리를 냈습니다.

바로 그때 교실 문 바로 뒤편에서 "정규직 소사" 아저씨가 그 검은 얼굴을 불쑥 내밀었습니다.

"아이! 무서브라! 니 모할라꼬 고래 서 있노?" 아저씨가 소리를 버럭 질렀습니다.

저는 그 아저씨가 내지르는 소리보다 아저씨의 넓고 검은 얼굴에 정말 귀신을 본 듯 더 깜짝 놀라 '으아아아아~' 하며 죽어가는 소리로 앙다문 비명을 내뱉고는 바닥에 주저앉았습니다.

세상에! 이렇게 무서울 수가! 저는 한동안 복도에 가만히 앉은 채 숨을 헐떡거렸습니다. 사실 알고 보면 그 공포의 실체는 아무것도 아니었습니다. 아저씨가 읍내에 나가면서 실수로 열어둔 복도 현관을 통해 고라니 한 마리가 들어오게 되었고 돌아오는 길에 열어둔 문을 잠그러 왔다 그 고라니를 발견한 아저씨는 (정말 그렇게 표현했는데) 목을 비틀어 회를 쳐 먹을 셈으로 그 불쌍한 고라니를 교실 구석으로 몰다가 난 '소음'일 뿐이었던 것입니다. 하지만 아저씨도, 저도 그 사소한 일이 그토록 큰 공포를 만들어낼 줄은 몰랐습니다.

무섭다는 것, 그것은 그 귀여운 고라니를 껍질을 벗겨 구워먹겠다고 장작을 모으는 아저씨나 소름 끼치는 비명을 질러댔던 고라니가 아니라 '이렇게 외진 곳에는 귀신이 있을지도 몰라. 어느 초등학교든 공동묘지에 짓는다던데' 하며 내가 아는 온갖 귀신과 태어나기도 전에 세워졌을 학교의 터까지 떠올리며 제가 제풀에 놀라 스스로 키웠던 '상상'에서 생겨난 공포였던 것이었습니다.

아저씨는 주저앉은 저를 일으켜 세우면서 전에 없이 다정한 목소리로 "많이 놀랐나?" 하고 물어주었는데 사실 따지고 보면 '무서움'이라는 것 자체가 상상력이 없다면 느끼지 못할 인간적 감정이긴 했습니다. 아저씨의 그 따뜻한 말 한마디에 여전히 아저씨 무릎에 끼어 '쾌애액' 대는 고라니 소리를 듣고도 하나도 무섭지 않았으니까요.

언젠가 꼭 한번 가봐야겠다 하던 차에 결혼 직후 제 이름으로 산 첫 중고차로 가장 먼저 달려간 그곳에는 뜨끈한 군불이 일품이던 숙직실과 고라니 목을 '이렇게' 비트는 흉내를 내고, 읍내 어느 다방 여자와 정분이 나서 편도 두 시간 걸리는 길을 달려가 사랑을 '간호'하던 그 아저씨의 순정은 흔적 없이 사라졌지만 낡고 회색인 건물과 사십 년째 한쪽 팔을 든 채 나는 '아직도' 공산당이 싫어요를 외치는 듯한 승복 어린이와 육십 년째 같은 책을 읽고 있는 안델센 풍의 챙 넓은 모자를 쓴 여자아이 동상은 색 바램 없이 그대로 남아 있었던 것처럼 그때 제가 제 스스로 만들었던 공포도 여전히 그 자리에 남아 추억이 되어 있었습니다. 초등학교 시절의 추억에 잠긴 아내에게 먼지투성이 복도에 그대로 주저앉으면서 "봐봐, 내가 바로 여기서 으아악 하고 비명을 꽥 지르며 넘어졌거든? 그랬더니 아저씨가 요~오기 뒤에서 엄마야~하며 소리를 질렀어" 라고 정확히 말할 정도로 또렷했으니까요.

그곳에서 아내는 유쾌한 웃음, 저는 추억을 가지고 왔는데 한 해 두 해, 부모로 사는 것이 익숙해 지면 질수록 옆집 아이, 앞집 남편, 뒷집 아내의 이야기를 들을 때마다 불쑥 불편함을 느끼는 것은 우리는 정말이지 아무도 시키지 않는데 스스로 시동을 걸고 지속적으로 연료를 넣어 알아서 달리게 만드는 '자가발전식 공포'를 먹고 살아가고 있다는 것을 너무나 잘 알고 있기 때문입니다.

부모가 되니 그 고라니보다 훨씬 더 현실감 넘치는 무서움이 쏟아집니다. 보통 부모의 능력으로 해낼 수 없는 일에 대한 공포, 부모로서 받을 평가의 공포, 실직에 대한 공포, 불확실한 미래에 대한 공포. 그리고 나 자신에 대한 공포와 내 아이의 모든 것. 그걸 생각할 때마다 저는 그 겨울에 있었던 그 날의 일을 떠올리며 애써 내 '상상력'이 증폭시키는 공포를 잡으려 애쓰곤 합니다.

대부분 그렇게 느끼는 무서움들은 이외수나 스티븐 킹의 소설에 빗대면 그럴싸하긴 하지만 '고양이만 한 쥐'와 같이 실제로 일어나기 힘든 가짜 공포에 가까울 텐데 그걸 우리는 현실의 공포처럼 안고 사는구나……하는 깨달음을 얻을 즈음 그 공포는 훨씬 더 작고 소소한 '걱정'으로 남아 있는 것을 알게 됩니다. 그렇게 그해 겨울 그 초등학교에서 느꼈던 공포가 주었던 깨달음은 부모가 가져야 할 마음의 짐을 어느 정도 덜어주는 일종의 예방주사처럼 제 마음을 찔러 '평정심'이라는 백신을 넣어주었던가 봅니다.

"앞서 걱정하지 말자. 살살 가자."

그 겨울. 그 밤에 있었던 따끔한 예방주사 한 방! 고마운 일입니다.

*

엄친아, 엄친 딸이 주는 엄밀한 정의는 사실 부러움, 질시가 아닌 우리 아이만 쳐지는 것 아닐까? 하는 또 다른 종류의 공포일 것입니다. 그 공포가 주는 두려움은 아마도 아이들이 그 아이들보다 부족한 건 내가 못나서일 거야, 뒷받침이 부족해서일 거야 하는 생각에 기인하는 것일 텐데 실은 저도 그렇습니다. 막상 사교육은 안 시키겠다 하면서도 우리 아이들 또래의 아이들이 열까지 세고 스무 가지 색깔을 안다는 사실을 알게 되면 그 '무서운 일'이 벌어지곤 하니까요.

부모가 되니 두려움이라는 단어로 표현할 수 있는 것은 세상에 널려 있었고 그 두려움은 늘 상대적이더군요. '극장 효과'라 불리는, 앞사람이 일어서면 뒷사람들도 차례로 일어서게 되고 그게 곧 표준이 된다는 그런 일들을 피해 갈 수 있는 방법이 많지 않다는 사실을 깨닫게 될 즈음에는 정말 부모 역할이 쉽지 않음을 깨닫게 됩니다.

My way. 알면서도 쉽지 않은 것, 알면서도 그렇게 하지 못할까 하는 두려움. 그렇게 죄 없는 고라니가 만들어내었던 가짜 공포가 아닌 사회가 만들어낸 진짜 공포가 현실이 되어 다가오곤 하지요.

그래서 요즘같이 맑고 청명한 가을, 떨어지는 낙엽을 사각 밟은 채 잠시 멈춰서 옆집, 전집, 사교육, 학교에서의 극한 경쟁같이 나를 겁먹게 하는 모든 것들은 사실 내 마음이 미리 만들어낸 공포를 먹고 사는 것이며 이를 이겨내는 가장 좋은 방법은 절제되고 굳건한 자기 주관일 것이라는 사실을 한 번 더 마음속에 새기곤 합니다.

'No'라고 말할 수 있는 사람

　퇴근을 하자마자 아이가 손을 잡아끌면서 거의 들릴 듯 말듯 "TV 한 번만 봐도 돼요?" 하고 소곤댑니다. 물론 대부분의 그런 행동은 비교적 엄한 편인 엄마를 의식해서 제게 대신 묻는 것이고 저는 아이에게 "엄마한테 '큰소리'로 물어봐" 합니다. 아이는 망설이다 조그맣게 "엄마 TV……" 하고 묻습니다. 저를 종일 기다려 말할 정도로 애가 탔고 또한 엄마로부터 이미 '거절'을 당했을 가능성이 많기 때문에 아이 딴에는 대단한 용기가 필요했을 것입니다.

　하지만 아내는 "안돼"라는 짧게 말했고 아이는 "그것 보세요. 내 그럴 줄 알았다니까요?" 하는 억울한 표정으로 울기 시작했습니다. 그런데 아내는 이미 그로기 상태에 빠진 상대에게 한 번 더 핵 주먹을 휘두르는 마이크 타이슨처럼 "아무리 울어도 안 돼" 하더군요.

　어른이든 아이든 인간에게 공통점이 몇 개 있다면 그중 하나가 '거절'에 대한 두려움일 것입니다. 덕분에 '할 말이 있는데 차마 말할 수 없는' 난감함도 같이 경험하게 되지요. 마음이 안 좋아진 저는 아내에게 "어른이 돼서도 할 말 제대로 못 하고 사는 것이 태반인데 벌써부터 그런 것에 벌써부터 익숙해지도록 할 필요 있느냐?"며 거절을 하더라도 좀 더 '부드럽게' 해달라 주문합니다.

그리고 그 사람. '감자'라 불리던 남자를 떠올립니다.

제가 그 사람을 처음 본 건 대학 입학을 해서 기숙사 배정을 처음 받았을 때였는데 그 사람은 4인 1실의 기숙사에 나란히 놓여진 침대에서 담요를 머리까지 쓴 채 잠들어 있었습니다. 제가 들어가니 묵직한 목소리로 "누구냐?" 하고 물으며 꿈틀대더군요. 스무 해를 살면서 잘생기고 멋진 사람을 보며 감탄을 한 적은 있지만, 너무나 못생겨서 제 자신도 모르게 '흐으음'하고 고통스런 감탄사(?)를 내뱉을 줄은 정말 몰랐습니다.

그 사람은 정말…….

들뜬 마음으로 포장을 뜯었는데 그 안에는 감자가 하나 달랑 들어가 있는 선물을 보는 느낌이었습니다.

일어나며 얼굴을 덮고 있던 담요를 가슴까지 내려서 더 극적으로 보였겠지만 가짓과에 속하고 대표적 구황식물이라 못생겨도 나름의 인정을 받는 울퉁불퉁 감자와 너무 닮은 까닭에 망설임 없이 〈감자 그대로의 감자〉를 떠올리기에 충분했는데 자세히 다시 보니 더더욱 감자와 닮았더군요.

영화를 보든 오페라를 보든 같은 상식과 비슷한 눈높이를 가진 관객은 언제나 비슷한 수준으로 감상을 하게 된다는 진리는 감자의 인생에도 그대로 적용되어서 입학식 때 알게 되었고 바로 옆방에 배치된 동기는 그 '감자'를 처음 보고 나서 무슨 큰 비밀을 이야기하듯 제게 귓속말로 조용히 말하더군요.

"그런데, 저 사람 진짜 '감자' 같지 않냐?"

기근에 시달리던 아일랜드 사람들이 '감자' 덕택에 식량문제를 해결하고 베이비붐을 이루도록 한 것이 감자의 일면이었다면 어느 해 그 고마운 감자가 잎마름병에 걸려 모두 죽어버린 탓에 아일랜드에 대기근을 초래한 것은 또 다른 감자의 일면일 것입니다.

이 살아 움직이는 감자에게도 동전 같은 양면이 있어서 언 듯 생긴 것만으로는 차라리 '수수'할 것이라는 예상을 주는 것이 그의 일면이었다면 말을 많이 하지는 않지만 했다 하면 해학(諧謔)을 넘어선 '해악(害惡)' 수준이 되는 촌철살인에 가까운 말들을 거침없이 하여 좌중을 불편하게 하는 건 그의 또 다른 일면이었습니다. 덕분에 아무도 부러 친밀 하려 하지 않고 본인 또한 그런 것 따위는 필요 없는 것처럼 행동을 해서 마음을 나눌 가까운 친구도 그를 아껴줄 선배도 그를 따르는 후배도 없었지요.

운이 좋은 것인지 나쁜 것인지 저와 몇몇처럼 감자와 "동침"할 수밖에 없는 운명을 가진 사람만이 그 사람에 대해 잘 알 수 있는 기회를 얻었을 뿐이었고 얼마 안 가 대부분의 사람들이 깨달았지만, 그는 외모가 주는 느낌 이외에도 여러 가지 이유 때문에 특별히 불편한 존재였습니다.

그런데 신이 그다지 공정해 보이지 않을 때는 누가 봐도 착한 사람이 단명을 한다든가, 악한 사람이 유독 승승장구를 할 때겠지요. 새 학기가 시작되고 감자를 알게 된 후에 우리가 새삼스럽게 '불공정'을 생각한 것은 그 감자와 너무나 대비되는 다른 학생 둘이 감자와 가까운 곳에서 동시에 출현했기 때문이었습니다. 고등학교 시절부터 절친이었다는 그 두 친구들이 풍기는 이미지는 딱 정우성이요, 원빈이었고 그 두 배우와 아름다운 여배우 하나를 더하고 그 셋을 가장 적절히 그리고 가장 균형적으로 섞어 놓은 듯한 외모를 가진 그 친구들도 기숙사 생활을 시작했습니다. 그리고 그 둘은 보이지 않는 끈으로 서로 묶어 놓은 듯 늘 꼭 붙어 다녔는데 그 친구들과 감자만 놓고 보면 정말 극적이면서 잔인한 명과 암의 조합을 떠올리게 했습니다.

베트남전에서 미군들이 80대 베트남 노인에게 '미스 애리조나'라고 적힌 어깨와 허리를 가로지르는 미인대회 휘장을 매게 하고 사진을 찍는 모욕을 주자 베트남은 이에 화답하듯 키가 150cm도 안 되는 여학생이 자기 키만 한 총으로 생포한 키가 190cm인 거대한 미군 조종사를 포승줄로 묶어 끌고 가는 사진으로 응수했다고 합니다. 그 두 사진의 공통점은 '극적인 대비(對比)'였는데 감자와 그 조각 같은 남자 둘을 생각하면 꼭 그 80대의 미스 애리조나 나 포로가 된 미군 조종사 앞에 선 여학생이 생각나곤 했습니다.

'아 무심하여라. 제한된 한 공간 안에 하나는 야채를 닮은 인간이고 둘은 조각이라니.'

사실 이런 식의 대비는 많은 경우 잔인함을 불러일으키는 게 보통이지만 다행히도 감자와 조각들은 양쪽 다 특이할 정도로 은둔자같이 생활을 했기 때문에 서로에게 고통을 줄 만큼 크게 눈에 띄거나 소문에 얽히는 경우는 거의 없었습니다. 우리 생활 속의 감자란 그저 감자가 간혹 학교 앞 주점에서 안주로 감자전을 스스로 시킨다든가 감자튀김을 먹는다든가 할 때 "어라? 감자가 감자를 먹네?" 하고 누군가 귀엣말로 농담을 하면 저절로 터지는 웃음보가 잠깐 미안했던 정도랄까 대부분은 평탄한 나날이었습니다. 물론 그 평온함은 감자가 말을 하지 않을 때에만 유지되는 시한부 인생 같은 것이었지만요.

감자가 감자를 주문하거나 먹는 것은 무척 재미난 일이었지만 그 외에 감자와 관련된 일은 재미없는 일 투성이어서 언뜻 사소하게 보이는 일들에 대해 어쩌다 방언처럼 터져 나오는 감자의 비평적 멘트는 너무나 직설적이었고 그건 우리 모두를 매번 난감하게 하곤 했습니다. 그는 자기 확신에 대해서 만큼은 거침이 없었고 또한 양보도 없었습니다. 그런 때는 감자보다는 코뿔소나 기관차 같은 저돌적인 별명이 붙었어야 했다고 믿는 사람도 꽤 많았고 실은 저도 그랬습니다.

무슨 일 때문이었는지는 잘 기억나지 않지만, 감자의 얼굴만큼 울퉁불퉁한 말버릇 때문에 한 교수님이 "저런 학생이 어쩌다 내 제자가 되었을까?" 하고 통탄했다는 이야기도 있었는데 덕분에 친구도, 선배도 거의 없는 그 감자가 조금은 안쓰러운 부분도 있었지만 어쨌거나 그가 '저돌성'을 발휘할 때 주는 불편함은 그 안쓰러움을 상쇄하고도 남음이 있었습니다. 그는 그렇게 불편한 사람이었습니다.

그리고 1학년을 마칠 즈음이었습니다. 있는 듯 없는 듯 눈에 띄지 않던 조각 친구들이 그때 큰 이슈가 된 건 지금 보면 별일도 아닌 성 정체성 때문이었습니다. 그 친구들의 방에 우연히 들른 '촉새'라는 별명을 가진 친구가 그 둘이 '뽀뽀'를 하고 있는 걸 목격하게 되었고 그건 그 조각친구들에게 크나큰 불행이 되었습니다.

그 친구들을 보면 같은 남자라도 한 번쯤 돌아볼 정도로 대단히 멋졌고 한편 뇌쇄적이며 은밀한 분위기도 그만큼 강렬했기 때문에 둘 사이에 뭔가 흔치 않은 특별함이 있을 것이라 생각하는 사람들도 많았지만, 굳이 그 짐작을 촉새의 입으로 확인할 필요는 없는 것이었습니다.

너무나 촐랑거려 '촐랑이'라는 또 다른 별명을 가질 정도로 말이 많았던 촉새는 별명이 주는 그 느낌 그대로 자신이 세상의 모든 일을 알아야만 하고 또 그걸 세상에 증폭해 전달해야 하는 사명을 지고 태어난 것처럼 모든 소문을 더 크고 넓게 퍼뜨리곤 했습니다. 물론 악의적이지는 않았지만 편하지도 않게 모든 사람에 대해 다분히 불편한 자기만의 관점으로 탐구하고 또한 그 사람들에게서 자신의 지식으로 정의한 어떤 규정에 부합되지 않는 모습을 보는 경우는 특히 잘 못 참는 타입이어서 타인의 개인사에 '관찰'이 아닌 '집착'을 보이던 친구였으니 그 조각 커플의 입장에서는 재난도 그런 재난은 없을 터였습니다. 그래서 뭔가에 대해 정말 불행이라고 정의해야 한다면 그 조각 친구들이 자신들의 남다른 성 정체성에 대해 지금처럼 상대적인 관대함을 보일 수 없었던 시대에서 젊은 시절을 보냈다는 것과 하필이면 목격자가 그 '촉새'였다는 사실이었겠죠.

촉새의 입은 소문을 낳았고 소문은 우리들의 귀를 통해 출생신고를 했고 몇몇 사람들이 그 소문을 무럭무럭 키우기 시작했습니다.

사실 그런 류의 소문은 아무리 조심을 해도 퍼져 나가기 마련이데 안 그래도 퍼져 나갈 소문들이 촉새 덕분에 가속도가 붙고 극렬하게 확장되어 순식간에 우주까지 날아갈 기세가 되었습니다. 그리고 왜 그렇게 되었는지는 모르겠지만 그 조각들을 잘못 두둔하다가는 '같은 부류'로 낙인 찍힐 것 같은 그런 분위기에 휩싸이게 되었고 우리는 우리의 진짜 생각이 어떻든 이내 그 조각 친구들을 우리와 다른 '뭔가'로 분류하고 단정하는데 동참을 하게 된 것입니다.

그때 먹는 감자가 굶주린 아일랜드 사람들을 구제해주었듯 사람 감자가 그 조각미남들을 구제해주었습니다. 이 세상 그 누구도 인간인 이상 막지 못할 듯했던 촉새의 입을 감자가 막아주었던 것이죠. 그것도 빈틈없고 훌륭하게.

몇몇 통합서클의 겨울 일정을 말하는 자리에서 촉새가 주제와 상관없는 "두 남자의 뜨거운 사랑" 이야기를 시작했고 사람들은 불편한 마음에도 쓸데없는 오해가 무서워 그냥 듣고만 있을 때 감자가 촉새에게 지나가는 말처럼 물었습니다.

"촉새. 그런데 걔들이 너한테 피해 준 것 있냐?"

촉새의 표정이 보물지도를 발견한 해적의 흥미진진한 표정에서 바지에 실례를 할 수밖에 없는 긴급함이 절정에 달한 어린아이의 불편한 표정으로 바뀌었고 기죽은 목소리로 "아니요……"라고 대답했습니다.

동시에 거기 모인 사람들의 무거운 침묵이 시작되었습니다.

"그래? 그럼 걔들이 너한테 'X' 한번 치자 그러더냐? 그랬다면 불쾌할 수도 있었겠지. 그런데 걔들이 그랬냐?"

말하기에 상당히 불편한 이 저속하면서도 통렬하기 그지없는 성관계를 말하는 속어에 아무도 웃지 않았습니다.

"아니요……."

촉새의 당황한 표정이 점점 더 난감함으로 바뀌어 갔지만 감자는 예전과 다름 없는 무표정으로 다시 물었습니다.

"걔들이 길거리에서 드러내놓고 옷 벗고 서로 뭉개고 찌지고 쩝쩝댄 거냐?"

"아니요. 기숙사 방에서 제가 문을 여니까……"

열일곱 명, 서른네 개의 눈이 촉새와 감자에게 집중되었습니다. 감자는 트레이드마크 같은 코털을 뭉기적뭉기적 대며 딴짓을 하다가 촉새의 말을 막으며 다시 말했습니다.

"이야기 들어보면 걔들이 너한테나 우리한테나 피해 준 것이 전혀 없는데 네가 피해자인 것처럼 말하네? 근데 말이지 진짜 피해는 촉새 네가 주고 있어."

촉새의 단추만 한 눈이 보름달처럼 커졌고 한시도 쉴 틈 없어 보였던 촉새의 입이 다물어지는 광경을 지켜보면서 사실 다 같이 느꼈을 감정은 촉새가 전하는 소식의 진위여부, 옳고 그름,

타당성 따위 보다는 둘이 싸움이라도 나서 현재의 분위기가 어색해지거나 불편해지면 어쩌나? 하는 은근한 불안이었을 것입니다.

하지만 날씨와는 상관없이 마른번개를 내리는 그 어떤 분처럼, 감자는 분위기 따위는 신경 쓰지 않는다는 듯 무심한 표정으로 계속 이야기를 했습니다.

"여기 있는 애들이 할 말이 없어서 네 이야기를 그냥 듣는 게 아니야. 여기 있는 애들은 잃을 게 있기 때문에 네 입에서 나오는 거지 같은 말들을 듣기 싫다 말을 못하고 참는 것이지. 그런데 나는 잃을 게 없어. 누가 나를 동성애자로 생각하겠냐? 굳이 그렇게 오해를 하려면 네 얼굴하고 내 얼굴하고 '피장파장'이니 그 상대가 너라면 모를까. 그러니 그 입 좀 닥쳐. 걔들이 너한테 피해 준 게 없다면 말이지."

그리고 감자는 갑자기 정색을 하며 건들대던 자세를 바로 하고는 감자가 아니라도 누군가는 한 번쯤 말해야 했을 이야기를 했습니다.

"그냥 둬. 그 애들이 예전처럼 조용히 살 수 있도록 놔두라고."

피장파장이라는 단어가 나올 때는 나지막한 실소가 터졌는데 제 마음은 더 무겁더군요. 전에 없이 촉새가 감자를 맹렬히 노려볼 때는 더더욱 그랬습니다.

사실 감자가 가진 장점 중 하나는 어떠한 경우라도 '평상심'을 유지한다는 것이라서 아무리 하기 힘든 이야기를 하더라도 속마음을 짐작할 수 없도록 했고 그때도 감자는 진짜 생감자를 한

번에 구워 버릴 수 있을 정도로 뜨겁고 악의로 가득한 촉새의 눈길을 심드렁한 표정으로 막아내고 있었습니다.

지금 생각해보면 모임과는 전혀 상관없이 타인의 개인사가 남발되는데도 그걸 막아서서 썰렁하고 무거운 분위기를 만들지는 말아야 한다는 암묵적인 사회적인 규칙 때문에 그 조각커플들이 가진 인간의 자유와 본능 그리고 개연성에 대한 이해를 무시한 우리들은 어쩌면 그 촉새와 다를 바 없었다는 생각도 합니다. 성향만 다를 뿐 그 어떤 아이들에게도 피해를 주지 않았던 멋쟁이 둘에게 그냥 그들의 취향대로 살아갈 수 있는 '무관심'이라는 가장 큰 선물을 줄 생각은 아무도 하지 못했기 때문이겠죠. 그걸 감자가 한 것입니다. 하지만 감자가 '잃을 게 없다.'라고 말한 부분은 사실이 아니었다는 생각을 한 건 시간이 한참 흐른 후 우연히 『난장이가 쏘아올린 작은 공』의 저자 조세희 선생이 더 이상 글을 쓰지 않게 게 된 이유를 들었을 때였습니다.

"내 책을 감명 깊게 읽었다던 사람들이 저마다 행복한 표정으로 좋은 책이라 말하더라"

웬일인지 그 이야기를 듣는 순간 감자가 '잃을 게 없다.' 하고 말한 것은 사실 "이미 부당하게 잃었거나 앞으로 잃을 것이 더 많다."라는 말에 다름 아니라는 사실을 그때는 몰랐던 것입니다. 그 말속에 내포된 감자의 외로움을 이해하지 못한 건 우리 잘못이었습니다.

만약 '난쏘공'이 말하는 '본질'을 이해했다면 그 누구도 표정이 좋을 수는 없었던 것처럼 감자도 우리와 똑같은 사람이라는 걸 생각하면 절대 그럴 리 없었음에도 불구하고 최소한 감자만큼은 정말 잃을 게 없다고 생각했던 것입니다.

그때 저는 왜 그랬을까요? 내가 감자전을 먹듯 그 사람이 감자를 먹는 건 당연한데 그걸 보고 내심 웃곤 했습니다.

연예인인 듯하나 이름이 알려지지는 않은 어떤 예쁜 여자 사진을 침대에 붙여 놓은 걸 보면 그렇게 생각할 근거가 전혀 없었음에도 그 사람은 좋아하는 여자도 없을 것이라고 저는 생각했습니다.

외모는 사회적 관계에만 영향을 끼칠 뿐 인간 자체의 본질과는 전혀 상관없는 부분임에도 근거도 없이 내심 그보다는 '우월'하다 생각해 왔고 내가 한 번도 하지 못한 용기 있는 일을 그는 몇 번이나 해냈다는 사실을 애써 모른 척, 때로는 응당 그가 감당해야 할 몫이라 생각하곤 했습니다.

저는 당연하다는 듯, 할 말을 다 하고 사는 사람들은 전혀 상처받지 않을 것이라고 지레 단정하고 살았으며 어떤 때의 그 사람은 워낙 시니컬 해 사람들이 불편해했지만 사실 지나고 보면 틀린 말을 한 적은 거의 없음에도 불구하고 순간 불편함을 준다는 이유로 늘 그가 나쁜 쪽으로 분류되는 것을 당연하게 생각했습니다.

당연한 게 아닌데도 당연하게 생각되는 많은 부당한 일들이 감자에게 벌어진 것입니다. 한참 후에 그게 참 미안해지더군요.

혜택은 같이 보고 희생은 혼자 감당해야 하는 그런 일들을 당연하게 생각하는 것. 곰곰이 생각해보면 회사에서도 마찬가지로 벌어지는 일이었습니다. 그나마 제가 마음의 짐을 좀 덜게 된 것은 그 감자가 우리 그룹보다는 작지만 나름 이름이 알려진 어느 그룹 계열사의 임원으로 승진했다는 사실이었습니다.

타고난 본성은 쉽게 바꾸지 못한다는 말을 믿는다면 할 말은 다하고 마는 그의 '성향'은 학교생활보다 잃을 게 더 많은 사회생활에서도 여전했을 것이고 그럼에도 그처럼 성공하고 있다면 이는 분명히 평균 이상은 훨씬 넘었을 감자의 직언(直言)이 주는 불편함을 이해해주는 누군가가 있었기 때문에 가능한 것이라는 생각에 이르러서는 훨씬 더 큰 위안을 느끼곤 합니다.

직장생활을 하다 보면 가끔씩 '올바른 할 말'을 하고 사는 사람들이 절실히 필요할 때가 있고 그럴 때마다 미안한 건 나의 빈약한 용기와 함께 그들의 '희생'에 대한 대가는 오로지 그들 자신만의 몫이 된다는 것입니다. 그럼에도 우리는 그런 사람들이 그런 말을 하고 스스로 감당하는 짐을 고맙게 생각하기보다는 불편해하곤 합니다.

그래서 저는 아내에게 우리 아이들은 할 말은 하도록 키우자고 말은 해놓고 문득 감자와 같은 유형이 가질 외로움과 고통을 생각하게 됩니다. 덕분에 우리 아이들에게 '순응'을 가르쳐야 하는지 '주관'을 가르쳐야 하는지 혼란스러울 따름이지요.

＊
＊

톡톡에 이 글이 게시되었을 때 직장생활을 하는 많은 사람들이 한 번쯤 생각하는 문제라 그런지 현실적인 댓글들이 많았습니다. 그중에 올바른 할 말을 하는 사람들을 '감기약'에 비유한 댓글이 눈길을 끌더군요.

@@_　문득 감기약이 생각나네요! 감기약은 사실 감기약이 아니고, 감기에 대한 몸의 순기능 반응을 못 하게 방해하는데 우리 몸은 일정 시간이 지나면 그 방해를 이기고 감기를 물리치죠!! 감자가 그런 역할을 했을 것입니다.

좋은글_　생각해 봤습니다. "순응" 또는 "주관" 저도 아이를 키우는 입장이라 이 부분은 조심스럽습니다.
모 회장이 그랬다지요. 자기 뜻대로 잘 안 되는 게 골프랑 자식농사라고…… 아무튼 처가 상담하는 일을 했었습니다. 주워들은 이야기 대부분은 문제아(?)라 불리는 아이들의 상당수는 가정불화나 부모 문제라고…… 아이는 부모의 거울이죠.
아이가 달라졌어요. TV 프로그램을 보면, 부모 문제를 먼저 지적합니다. 순응을 가르쳐야 한다던 지, 주관을 가르쳐야 한다던 지의 문제는 더 나아가 나와 내 처가 살면서 순응하는 모습을 보여주는지, 아니면 주관적인 모습을 보여주는지 하는 그런 문제인 것 같습니다. 30, 40년 살아온 모습이 하루 아침에 안 바뀌죠. 그래서 아이 훈육도 훈육이지만, 스스로의 모습을 어떤 모습을 만들지에 대해서도 심각하게 고민하고 행동해야 하지 않을까요. 그러다 보면 우리 아이들도 따라올 것 같습니다. 성격이나 인격이 1, 2년 만에 형성되는 건 아니잖습니까? 억지로 시킨다고 되는 것도 아니고. 순응? 주관? 뭐 어떻습니까…… 이 아이가 스스로 생각하기에 순응해야 한다 생각하면 순응하고 주관을 내세워야 한다 생각하면 주관을 내세우게 하는 것이 부모의 역할이 아닐까 싶습니다.
중요한 것은 남을 얼마나 배려하며, 얼마나 내 생각과 행동이
일치하는 지가 아닐지…… 이 글을 쓰면서도 저 스스로 반
성하고 있습니다. 말은 내 아이 "반듯한 아이로 키우자"면 서
우리 부부는 반듯하게 살고 있는지 긴 생각 하게 해 줘서 감
사합니다.

흠……_ 마지막 문장이 저도 늘 고민이었습니다. 나의 아이들에게 "순
응"을 가르쳐야 하는지, "주관"을 가르쳐야 하는지, "원칙 준
수"를 가르쳐야 하는지 "융통성"을 가르쳐야 하는지, "조화"를
가르쳐야 하는지, "개성"을 가르쳐야 하는지…… 어렵습니다.

자존심

"나의 내면을 직시하기란 죽기보다 힘든 일이다."

-정신과 전문의 양창순박사

"그러니 우리는 얼마나 행복하니."

어떤 깨달음을 주려는 목적이 명백한 이야기지만 부러 만든 전설 같은 이야기는 아닐 것입니다. 제가 아주 어렸을 때, 바람이 나서 초등생 이하 자녀 넷과 아내를 버린 채 전 재산을 들고 도망을 가버린 동네 아저씨 이야기를 해주며 어머니가 그러시더군요.

"그러니 (그 사람들에 비해) 우리는 얼마나 행복하니."

어머니가 밥이나 제대로 먹나 싶어 찾아가 본 그 집 마당에 커다란 솥에 군불이 지펴지고 있었는데 뚜껑을 열어보니 맹물이 끓고 있었고, 방 안에 들어가 보니 그 집 엄마는 상심한 채 아무 말도 못 하고 누워있었으며 며칠째 밥도 제대로 못 먹었는지 애들이 힘이 빠져 방안에서 '꼬물꼬물'하고 있더랍니다. 독을 열어봐도 쌀 한 톨 없길래 그 중 초등학교 고학년이었다던 장녀에게 "뭘 끓이려고 하느냐?"라고 물으니 아이가 서러운 울음을 터뜨리며 말했답니다.

"끓일게 없어요."

"그런데 불을 왜 피웠니?" 하자 그 조숙하기 이를 데 없는 아이가 했다는 말은 놀라웠습니다.

"사람들이 아빠가 도망간 집인데 밥까지 굶는다 할까 봐서요" 이런 부류의 이야기는 어딘가 전설처럼 떠도는 이야기와 비슷한 플롯이지만 그 일이 실제로 벌어진 일이라 강조하며 어머니가 덧붙여 한 말이 이것이었습니다.

"그러니 우리는 얼마나 행복하니."

타인과 비교해 자신의 행복을 가늠하는 건 사실 어쩔 수 없는 인간적인 행동이긴 하지만 대단히 비논리적인 부분이 있습니다. 진짜 이성적으로 생각해야 한다면 다른 사람들이야 어떻든 내가 지금 '완전한 행복'과 얼마나 멀리 있는가가 진짜 중요한 요소일 텐데 희한하게 내 행복을 생각하며 내가 아닌 남을 먼저 살펴보곤 합니다.

언젠가 아버지와 딸의 관계를 조명하는 다큐를 우연히 봤는데 이제는 엄마가 된 여자가 담담히 털어놓은 이야기가 인상적이었습니다.

"바람 난 아버지가 집을 떠나려 하자 엄마가 다급하게 아버지를 붙잡으라고 제게 말했어요. 저는 울면서 길거리까지 쫓아가 아버지의 팔을 붙들고 매달렸었죠. 그런데 아버지는 제가 잡은 손을 매몰차게 뿌리치고 떠났습니다. 그때 뒤도 안 돌아보고 떠나는 아버지의 모습을 보며 내 다시는! 아빠 때문에 울지 않겠다고 다짐했어요.”

그 다큐를 보면서 그 여자의 결심과 그 와중에도 맹물을 끓여야 했던 여자애의 이야기가 묘하게 겹치는 건 두 이야기 모두 인간이 기본적으로 가져야 할 ‘자존심’이라는 본질이 깔려있기 때문일 것입니다.

저는 세상에 벌어지는 많은 일들. 기쁨, 슬픔, 애잔함, 고통, 그리고 비애의 저변에는 ‘자존심’이라는 항목이 눈에 잘 보이지 않는 대들보처럼 버티고 있다 믿고 있습니다. 그래서 사람들의 삶이 질박할수록 자존심을 잃기 마련임에도 더 많이 가졌는데 비굴한 사람이나, 덜 가졌는데 당당한 사람들처럼 개인의 상황과 관계없이 인생 자체의 값어치가 달라지는 이유는 결국 ‘자존심’의 수준 차이 때문이라는 생각을 하곤 하지요.

그런데 정말 슬픈 일은 저는 제가 어느 쪽에 속하는지 사실 잘 모르고 살아가고 있다는 것입니다. 지금까지는 “다시는……”이라며 두 주먹을 불끈 쥘 일도 없고, 현실은 비참하나 그렇게 보이지 않으려고 애써 맹물을 끓이려고 군불을 지필만 한 ‘이성’적 판단을 해야 할 상황이 없었기 때문에 제 자존심의 수준을 증명할 일이 없었긴 하지만 그런 상황이 되면 과연 나도 저럴 수 있을까? 하고 생각해보면 조금 비참해지기도 합니다. 왜냐면 저는 오늘도 ‘남’을 위해 돈을 벌어주려 제 인생을 바치면서도 이게 최선일 것이며, 그래서 나는 애써 ‘옳다’ 믿으며, 그 어떤 결심도 하지 못한 채 머뭇대는 어제와 같은 오늘을 보낼 것이라고 생각하기 때문입니다.

"월급도 적게 받고 '을'로 살면서 고생하는 사람이 태반인 지금 같은 시절에 그래도 월급 딱딱 나오고, 그러니 얼마나 다행이냐?" 하며 마치 그게 최종적인 행복인 것처럼 말이죠. 그래서 가끔씩 약한 전기에 감전된 토끼마냥 화들짝 놀랄 때가 있습니다. 특히 제 스스로 "나는 정말 행복해"가 아닌 "(극한에 도달한 남들에 비하면) 나는 얼마나 행복하니?" 하고 자기 최면을 거는 저를 볼 때 더더욱 그렇습니다.

희한하게 아빠가 되고 난 후 '자존심'에 대해 더 많이 하게 되는 것은 아무래도 아이들을 보며 제 내면의 모습에 대해 더 깊이 생각하게 되었기 때문이겠지요.

정신과 전문의 양창순 박사는 "나를 아는 것이 세상을 아는 것"이라 말했는데 나 자신을 안다는 것에는 나의 '자아존중감(自我尊重感)'을 되찾는 일도 포함되리라 생각합니다. 그런데 아무리 생각해도 나 아닌 남을 보며 만드는 상대적인 행복에 스스로 만족하고 사는 '나'라는 사람이라니…… 그리고 아이들이 앞으로 가져야 할 꿈들도 대부분 '나'를 행복하게 하는 것이 아닌 '남'들 보다는 더 나은 것을 기준으로 하는 대학, 취업, 연봉에 맞춰진 채 살아가야 할지도 모른다는 암담함이라니……

아! 제 자존심은 대체 어디로 간 걸까요?

그리고 우리 아이들의 자존심은 어떻게, 어떤 방향으로 챙겨 줘야 할까요?

말

> "긍정의 말을 쓰면 말처럼 된다."
> −황창연신부, SK케미칼 "인문학 산책" 중에서

키즈카페에서 옆자리에 앉은 어떤 사내아이가 제 딸 아이의 장난감을 뺏었습니다. 그 아이의 젊은 엄마는 그걸 보고 "상놈의 새끼. 친구 것 뺏지 말라고 했지." 하고 소리를 질렀고 아이는 "했지?"라는 말이 끝나자마자 몹시 억울하고 울화통이 터진다는 듯 갑자기 배를 훌렁 까고 바닥에 드러누웠습니다.

저는 깜짝 놀라 딸아이의 장난감을 그냥 둔 채 자리를 옮겼습니다. 할 수만 있었다면 옛 성인이 그러했듯 딸 아이의 귀를 씻어주고 싶었었지요.

그 아이 엄마는 그 후에도 아무렇지도 않게 '상놈', '새끼'라는 말을 되풀이했고 아이도 여지없이 비명을 지르거나 옷을 벗어버리거나 아무런 반응도 보이지 않고 무시하거나 이 모든 걸 연이어 하곤 했습니다. 그 남자아이에게는 그런 말과 일들이 '일상'일 수 있다는 생각에 갑자기 무섭더군요. 그 아이와 엄마, 서로에게 불행한 일이라 생각하니 더 그렇더군요.

만약 그 아이 엄마와 개인적인 대화를 할 기회가 있다면 제가 아는 세상에서 가장 '무서운' 이야기를 해줬을지도 모르겠습니다. "붉은 용(Red Dragon)"이라는 소설이 알려준 '말'의 무서움에 대해서 말이지요.

100만 년을 봐도 질리지 않을 매력적인 얼굴을 가진 조디 포스터가 스탈링이라는 수사관으로 등장하고 카니발리즘을 즐기는 '한니발 렉터'라는 명석하지만 잔인하기 이를 데 없는 살인마를 만나 미궁에 빠진 연쇄살인을 해결한다는 '양들의 침묵(The Silence Of The Lambs, 1991)'이라는 영화가 있습니다. 사실 이 영화는 동명의 소설로 먼저 나왔고 만약 소설에도 아카데미 상이 있었다면 분명히 황금 트로피를 들만 한 소설이 토마스 헤리스(Thomas Harris)의 '붉은 용'으로 양들의 침묵이라는 소설의 프리퀄입니다. 그리고 작가 토마스 헤리스는 스릴러 장르임에도 머리부터 발끝까지 소름이 전해질만큼 풍성하고 아름다운 순수문학적인 수준의 언어구사로 극히 이상한 취향의 연쇄살인범 이야기를 풀어내었습니다.

저는 아직까지도 토마스 헤리스처럼 걸출한 스릴러 작가는 보질 못했는데 부모가 되고 나서 더더욱 빈번히 그가 쓴 그 괴이하면서 멋진 책들을 떠올리는 이유는 소설 붉은 용에서 '말(語)'이 주는 힘을 고통스러울 정도로 현실적이고 절묘하게 표현했기 때문입니다.

붉은 용의 주인공인 연쇄살인범은 잘생겼으나 구개순열이라는 장애를 가진 '프랜시스 달러하이드'라는 사람인데 이 사람은 어려서 고아가 되어 외할머니에게 맡겨집니다. 그런데 밤마다 오줌을 싸는 달러하이드에게 할머니는 큰 가위에 고추를 끼우고 "자르겠다." 협박을 하죠. 그리고 그를 버리고 떠난 엄마의 이야기도 곁들입니다. 소설은 그렇게 달러하이드가 왜 연쇄살임범이 되며 또한 변태성욕을 가지게 되었는지 알려주는데 '거세(去勢)'를 의미하는 가위질과 함께 그 교묘하고 절묘한 방식의 할머니의 폭언들은 달러하이드를 '여자'가 되고 싶은 욕망을 가진 사람으로 만들었고 살인을 할 때조차 '말'을 만드는 '입'으로 희생자를 깨무는 것으로 살인의 방점을 찍곤 합니다. 그 장면을 읽을 때마다 만약 그 할머니가 남자의 본능적 공포를 불러일으키는 '말' 이 아닌 지극히 평범한 부모들처럼 "밤에 쉬를 하는 건 네 나이 또래에 가끔 있는 일이란다." 해주었다면 과연 달러하이드라는 '아이'가 여자의 가죽을 벗겨 뒤집어쓰는 걸로 여자가 되고자 하는 환상을 품고 사는 끔찍한 연쇄 살인범이 되었을까? 하고 생각해봅니다.

부모가 아이들에게 하는 올바른 방식의 말과 그릇된 방식의 폭언이 주는 진정한 차이는 단순히 고운 말, 미운 말을 가려 쓰게 하는 계도적 측면이 아닌 아이에게 부모라는 지도가 내장된 내비게이션을 주는 것과 같다는 데 있을 테지요. 아이들은 그 내비게이션이 알려주는 방향대로 움직일 것이고 최종적으로는 우리가 하는 말을 그대로 받아 그에 맞게 반응하게 될 것입니다.

그래서 말은 할 수 있는 것 이상으로 '최선을 다해' 조심해야 하는 것이겠지요.

부모가 말을 조심하지 않아 생기는 문제는 꼭 붉은 용에서 뿐 아니라 세상 곳곳에 증명됩니다. 어떤 남자에게는 오 분 간격으로 손을 씻어야 하는 결벽이 있었는데 그건 어릴 적 믿고 따랐던 아버지가 "세상은 썩었어"라고 말했을 때 그 은유적 표현을 어린 나이의 아이답게 직설적으로 알아들었기 때문이라더군요. 그런 이야기를 들을 때마다 입에 폭탄을 물고 있는 느낌입니다.

제 경험상 제일 유용했던 육아서는 사실 아이들 잠을 어떻게 재우고, 어떤 책을 어떻게 읽어주어야 하고 두뇌계발은 어떻게 해야 한다 보다 아이들 눈높이의 '공감'을 해주는 부모의 '말'에 관한 책들이었습니다. 의식적으로 그런 책들이 말하는 내용을 따라 하다 보면 정말 그렇게 되었기 때문입니다. 예컨대 아이가 넘어져 울 때 "괜찮아. 괜찮아"가 아닌 "많이 아프지?" 했을 때 울음을 더 빨리 멈추는 그런 일들을 경험할 때마다 더더욱 말의 힘을 느끼게 됩니다. 책에서 배운 것처럼 타인을 설득시키는 말의 시작을 "네가"가 아닌 "나는"으로 시작한다는 I Massage 방식이 장기적인 효과는 없을지 몰라도 아이들에게 주는 의미는 매우 클 것입니다.

말이 만드는 진짜 악몽은 아무 생각 없이 싸잡아 아이들을 매도하고 그래서 그 순간 아이들의 마음에는 영원히 대못이 박히고 결국 아이들은 저와 심정적 적(敵)이 되는 그런 상황일 테니까요.

황창연 신부는 SK케미칼의 인문학 산책에서 "'말'이라는 것을 아무 생각 없이 쓰는 것 같지만, 긍정의 말을 쓰는 사람은 긍정적으로, 희망의 말을 쓰는 사람은 희망대로 살게 되어 있습니다." 했는데 정말 공감 가는 말입니다. 아이스크림은 유화제가 있어서 안되고, 젤리는 인공색소가 있어서 안 되고 야채는 유기농으로 챙겨 먹이려는 부모들이 빨리, 오래, 좋거나 혹은 지독히도 나쁘게 아이들에게 영향을 줄 수도 있는 "말"에는 참으로 이상하리만큼 주의를 안 하고 있다는 생각을 하게 되는 건 우리들이 하는 말 중에 '계도'와 '지시'의 말은 있어도 공감의 말은 많지 않은 까닭이고 덕분에 마음은 마음대로 쓰면서 아이들의 공감을 얻기도 힘들 것이라 생각하기 때문입니다. 부모의 말을 통해 아이들을 긍정으로 이끌기가 쉽지 않은 이유가 여기에 있겠지요.

한편 부모 입장에서 하는 말의 내용뿐 아니라 사람들 말하는 '방식' 대해서도 할 말이 참 많습니다. 가끔씩 제 아이들이 부드럽게 자기 생각을 말할 수 있도록 도와줘야겠구나 하는 생각을 하게 되는 건 자기 생각을 부드럽게 충분히 말할 수 있다는 것 자체가 아이들의 정신이 맑고 평온하다는 의미일 것이고 나중에 있을 사회생활에서도 대단한 장점이 될 것이기 때문입니다. 일전 회사에서 서른아홉 미혼 여성을 경력으로 채용했는데 저보다 먼저 OJT를 해주었던 분들이 사무적인 참을성을 보여주긴 했지만, 표정은 별로 안 좋았습니다. 그 이유를 저는 그분이 저희 팀으로 배치 받아 업무를 설명해주는 날 알게 되었지요. 그 사원은 업무설명을 하는 두 시간 내내 "뭐라는 거야?" 하고 비꼬듯 혼잣말을 했고 "스~"발음을 길게 내며 격한 어조를 강조했던 터라 대화하기가 상당히 불편했었습니다. 화가 나 어쩔 수 없는 상황도 아니어서 부드럽게 표현해도 될 일을 과하고 격한 단어를 쓰며 거기에 굳이 억양을 극적으로 표현하니 주변 사람들이 부담스러울 밖에 없었겠지요. 거기다 말꼬리까지 위로 올리니 그 사원의 마음이 실제로는 안 그런 걸 알면서도 몹시 불편하고 심한 반감을 가지게 만들기에 충분했었습니다.

생각해보면 더럽다를 좀 유하게 써서 "보기 안 좋다."해도 상대편이 충분히 이해할 만큼 무방할 상황이 뜻밖에 많기도 하거니와 정 유려하게 쓰기 어려우면 그냥 "더럽다." 하면 되겠죠. 원래 그 역할을 하라고 만들어진 단어니까요. 더 적절히 표현하고자 하면 "무척 더럽다" 하면 되겠죠. 굳이 "드~럽다" 와 같이 액센트로 부러 강조하는 것이 듣는 사람을 얼마나 피곤하게 하는지 새삼 깨 닿게 되었는데 그건 저희뿐 아니라 그분에게도 불행한 일이었습니다.

슬픈 일이지만 그 여사원이 평생 딱 한 번 사귄 남자친구가 결별을 선언하며 이유를 말했는데 "대화가 너무 피곤해" 였다고 합니다. 그 이야기를 들으며 '말'이 주는 의미에 대해 한 번 더 깊이 생각하게 되었지요. 미뤄 짐작해보면 그 남자친구도 그분에게 위로받고 싶을 때도 있었을 텐데 그분과의 일상적 대화 자체가 스트레스가 되었을 가능성이 많았을 것이고 어쩌면 배를 훌렁 내보이며 뒹굴던 키즈카페의 그 아이와 같은 심정이었을지도 모를 일입니다.

우리 아이들 세대에는 이혼도 지금보다 많아지고 감정을 있는 그대로 표현할 가능성도 더 많을 것입니다. 그래서 더욱더 이해와 공감이 필요할 것이고 아무리 세대가 변해도 시대의 가치만큼은 변하지 않아서 평온한 가정생활과 부부간의 해로와 이웃과 동료들과의 교감은 여전히 중요한 가치로 남을 것이라 생각합니다. 그리고 그 시작은 고운 말과 올바르게 말하는 방식이 되겠지요.

저는 고운 말, 평온한 어투, 부드러운 자기표현 그 자체가 불필요한 갈등을 최대한 줄여 줄 거라 믿습니다. 충분히 공감하지 못하더라도 부드럽고 간결하며 따뜻한 말은 그만큼 배우자와 다툴 가능성이 적게 해줄 것이고 그만큼 행복한 가정생활이 될 가능성이 많겠죠.

그래서 저는 말이 행동을 이끈다고 생각해요. 부모인 우리가 먼저 조심스럽게 하는 '말'의 가치를 깨달아야 하는 이유가 여기에 있겠지요.

*

톡톡에 이 글이 게시되었을 때 "괜한 시비를 걸어오는 사람들에게 계속 좋게 이야기만 할 수 있는 건 아니잖느냐?"는 댓글이 있었습니다. 일견 공감이 갑니다. 다만 저는 말이라는 무기가 얼마나 강력한 힘을 가진 것인지 그걸 말하고 싶었었지요. 안정효의 『하얀 전쟁』에서는 어떤 병사가 베트남 여자에게 자신의 애칭을 'OO놈'이라고 알려줘서 귀국행 배를 탄 병사에게 여자가 눈물을 펑펑 흘리고 손수건을 흔들면서 "잘 가세요. OO놈아" 하고 애타게 소리친다는 에피소드가 나옵니다.

비극을 희극으로 단번에 바꾸는 강력한 힘을 가진 한마디의 말. 말이라는 게 원래 그런 힘을 가졌다고 하더군요. 그걸 말하고 싶었던 것입니다.

한편 '좋은 말'이 주는 즐거움과 유쾌함을 경험하는 것은 행복한 일입니다.

구한말 어느 외국인 신부가 주막에서 실수로 막걸리를 쏟은 주모에게 "해해. 조심하지 않고서." 했다더군요. 그래서 사람들이 "해해"가 무슨 말이냐? 하고 물으니 "한해, 두 해할 때의 '해'를 바꾸면 '년(年)'이 되고 년이 두 개이니 '이년' 아니냐?" 했다는 재미난 이야기였습니다. 욕을 해도 저 정도 품위라면 들을 만한 일이겠죠. "이년아!"를 "해해"로 대신 표현한 그 신부님처럼 말로 배려를 할 수 있는 여유가 그립습니다.

세상은 '원래' 공평하지 않은 것

곤히 잠들어 있는 아이들을 물끄러미 바라보며 너희와 나는 어떤 고리로 연결이 되어 부모·자식의 연을 맺게 되었니? 하고 농담처럼 말을 걸어 보곤 합니다.

어쩌면 베르나르 베르베르의 소설처럼 부모의 운명을 미리 브리핑받고 저 부모의 아이들로 태어날래요 해서 태어났을지도 모르겠다는 생각을 하니 우리를 부모로 선택해주어 참으로 고맙구나 하며 새삼 감사하다가 아이들이 태어나던 날 제가 본 어떤 부부의 불행과 그 부부가 잃었던 생명과 세상의 불공평에 대해 생각하곤 합니다.

아이들이 태어났을 때 근 10년을 기다린 아기여서 얼마나 기뻤는지 모릅니다. 양수가 부족해 임신 하반기 삼 개월을 병원에서 보냈지만, 우리 아이들이 건강하게 태어나줄 것이라 믿었고 실제로도 그랬습니다.

아들은 인큐베이터에 이미 들어가 있었고 바구니에 담겨 있던 딸아이는 몸을 바르르 떨면서 힘겹게 눈을 뜨고 저를 바라보는 게 너무나 감격스러워 간호사들이 다 보는 앞에서 엉엉 울었는데 회복실에서만큼은 기쁜 내색을 할 수 없었습니다.

마음속에는 이루 말할 수 없을 만큼 큰 기쁨이 가득했지만, 그날 새벽 아이를 잃어 수술을 하러 온 어떤 부부를 보았기 때문이었고 저는 제 기쁨을 그 부부에게 내색할 용기가 차마 없었습니다.

그날 아이들이 태어나기 몇 시간 전 저희 아이들의 주치의이기도 했던 의사가 맞은편 침대에 있던 그 부부에게 태아의 사망을 다시 한 번 확인해주었었습니다. 커튼 뒤로 메마른 바람과 함께 들려오던 이 엄청난 말에 그날 아빠가 되는 저와 그날 엄마가 될 아내는 우리 아이들 생각을 잠시 잊은 채 커튼을 살짝 열어보았고 저처럼 아빠가 될 수도 있었던 남자는 차갑고 어두운 병실에 외로이 홀로 선 채 병실의 하얀 천장을 쳐다보며 울고 있었습니다. 흐느끼며 흘린 닭똥 같은 눈물이 남자의 볼과 턱을 타고 소리 없이 뚝뚝 떨어졌습니다.

그날 저는 아이를 얻은 남자가 되었고 그 사람은 아이를 잃은 남자가 되었는데 우리 둘 사이에 있는 운명의 추가 왜 서로 다른 방향으로 기울게 되었는지는 신만이 아는 일이겠지요.

그리고 몇 시간 후 엄마가 된 아내와 아이를 잃은 그 여자가 그날 아침처럼 좁은 복도를 사이에 두고 나란히 누워 있음을 알게 되었습니다.

"오늘 우리에게 최고의 날이지만 너무 내색하지는 말자"

마취 때문에 비몽사몽 중이던 아내는 기다리는 것 말고는 아무것도 안 해 놓고 얼떨결에 아빠가 된 사람이 아이들 출생을 두고 "여기서는 티 나게 좋아하지 말자"고 말해서 무척 서운했을

지도 모릅니다. 하지만 그건 옆의 여자를 위해 꼭 해야 하는 인간적 배려였습니다.

하지만 그 내용을 모르는 게 확실했던 간호사는 만삭을 다 채우지 못하고 아이를 낳게 되어 슬픈 아내가 간혹 서럽게 울어서 그런지 무척 밝고 큰 어투로 엄마 칭찬, 아기들 건강 칭찬을 자기 일처럼 신나게 이야기를 해주었는데 그때도 제가 본건 맞은 편 그 여자가 벽을 보고 누운 채 조용히 흐느끼는 모습이었습니다. 그 누구도 의도하지 않았지만 이렇게 잔인해진 상황에서 제가 느낀 감정은 불편부당과 슬픔 두 단어였지요.

"세상은……참 불공평하구나……"

그저 네. 네. 하고 뚱하게 대답하는 저에게 맥이 빠졌는지 수간호사는 신나게 칭찬만 뿌리다 가버렸습니다. 그 간호사의 뒷모습을 보면서 문득, 우리와 우리 아이들이 겪은 탄생이라는 것 자체가 전쟁이었고 전쟁이란 것이 따로 있는 것도 아니구나 하는 생각을 했습니다.

그날 저녁 오가다 본 병실에서 그 여자랑 신랑이 손을 잡고 뭐라 뭐라 조용히 대화하는 모습을 보았는데 그런 일이 있어서 진심으로 유감이었습니다. 그리고 건강하게 태어나 준 저희 아이들에게 정말 고마웠지요.

생각해보면 공평하지 못하다는 것은 결국 부당함이라는 열매를 낳고 그것을 사방에 뿌려대고 있는 셈입니다. 아내가 수술실에 들어갔을 때 기다렸던 보호자 대기실에서는 어느 할머니가 제 옆에 있었는데 아이들이 태어나고 '성별'을 보여주는 아이 그림이 모니터에 보이자 할머니는 아쉬움과 부러움이 가득한 얼굴로 "세상에 아! 들! 딸을 한 번에 얻었으니 얼마나 좋으우?"하고 말했습니다. 할머니는 '아들'이라는 단어에 잔뜩 힘을 주었고 그 옆에서는 할머니 아들로 보이는 사람이 전화 통화를 하며 '딸이지요 뭐.' 하고 무심하게 이야기했을 때 저는 세상이 온통 '불공평'으로 가득 차 있음을 한 번 더 절감했습니다.

한때 저희는 성별과 상관없이 그 어떤 아이라도 감사했을 것이라고 확신했습니다. 그런데 할머니는 이미 건강한 두 손주를 가졌음에도 원하는 성별이 아닌 것에 대해 못내 아쉬워했습니다. 그리고 그날 아이를 잃었던 아버지는 제가 어떠한 내색을 하지 않았더라도 할머니와 저, 둘을 보고 불공평한 세상을 생각했을 것입니다.

똑같은 탄생을 두고 차별적 감정을 가져야 하는 상황이 주는 불공평함은 '딸' 낳은 엄마가 그 할머니와 할머니의 아들인 남편에게 느낄 부당함, 방금 태어난 그 여자아이가 느낄 '덜' 축복받고 태어난 사회적 통념에 대한 부당함, 제가 아빠가 되기 1년 전의 그날까지 매일 느껴왔던 난임의 부당함, 제가 아빠가 되던 날 아이를 잃은 부부가 느꼈을 극악한 부당함 같은 너무나 많은 종류의 부당함을 제각각 다른 모양새로 만들어 냈던 것이었습니다.

그리고 아빠가 된 것 그 자체만으로도 감사했어야 했을 저도 그 사이 더더욱 간교해져서 할머니가 "얼마나 좋으우?" 했을 때 제 자신도 모르게 느꼈던 은근하고 비밀스러운 상대적 만족감은 이미 제가 그런 부당함에 적응하고 있었다는 것을 창피할 정도로 명확히 증명하는 셈이었습니다.

그리고 우리는 그런 불평등에 대해 아주 손쉬운 해결책을 생각해내곤 합니다.

몇십 년 전 초등학교 2학년 때나 배우는 구구단을 초등학교 1학년 때 못 외운다는 이유로 선생님께 매를 맞고 '너는 그것도 못하니?' 하고 모욕을 당했던 어떤 사람은 자신의 그 경험 때문에 자신의 아이는 두 살 때부터 한글교육과 영어 교육을 시키고 있다고 했습니다.

당시 그 이야기를 듣던 많은 사람들은 '내 아이도 그런 일을 겪을지 몰라.' 하는 긴장된 표정으로 한글과 산수와 영어 학습지를 이야기했습니다. 그런데 엄밀히 생각해보면 문제의 본질은 인성이 떨어지는 선생님을 만날 아이의 운명이었지 구구단이 절대 아니었음에도 불구하고 많은 사람들이 그 본질과 상관없이 내 아이만큼은 '조기교육'을 통해 그런 일을 경험하지 않도록 해야겠다는 희한한 솔루션을 내고 말았던 것입니다.

진짜 문제에 대해 대처하고자 했다면 원칙적으로는 교사가 선행학습을 강요하지 못하도록 제도적 장치를 만들거나 설령 그렇게 하지 못했을 때 부모가 나서 아이가 그런 선생님으로부터 탈출할 수 있도록 돕거나, 아이의 상처를 케어하는 것이어야 함에도 불구하고 구구단을 이야기한다는 것 자체가 〈세상은 원래 불공평한 것〉이라는 것임을 인정해야 하는데 차마 그렇게는 못하니 그 문제를 피해갈 수 있는, 선행학습처럼 자신의 의지와 판단으로 가능한 손쉬운 다른 대안을 찾게 된다는 것을 의미하는 것이었습니다.

그렇게 운명이 아닌 우리 세상이 만든 인위적 부당함에도 "그 부당함의 대상이 내가 아니어서 다행이다." 하며 안도하는 미래의 저를 봅니다. 그럴 때마다 저는 세상의 불공평이 부당한 것임을 알면서도 그것을 인정할 수밖에 없는 나름의 사정을 끊임없이 만들어 내고 자기 위안을 하면서 "다 아이들을 위해 하는 것."이라는 이유를 달고 "이 불공평한 세상에서 살아남으려면…" 하며 우리 아이들이 참을 수 없을 정도의 극한까지 등을 떠 밀수도 있겠다 하는 생각이 들 때마다 가끔씩 아득해지기도 합니다.

그런데 저는 아이들에게 〈불공평한 세상〉에 대해 차마 이야기하지 못합니다. 대신 인생은 대체로 공정하여 한 번쯤 살아볼 만도 한 것이고 간혹 있을 불공평을 씩씩하게 이겨 내길 바란다는 말을 하게 됩니다. 제가 그랬듯 아이들에게는 그게 결코 쉽지도, 완벽한 사실도 아님을 알면서도 그렇게 이야기하는 것이죠.

이래서 우리가 어쩔 수 없는 부모인가 봅니다.

**

톡톡에 많은 댓글이 달렸는데 그 중 눈길을 끄는 댓글은 '남의 불행으로 측정하는 나의 행복'에 대한 언급이었습니다.

가끔 불행한 일이 일어났을 때, "주변 사람들은 너보다 더 힘든 사람이 많아" 하고 말해주는 경우가 있는데 남의 불행으로 내가 행복해지는 건 아니라고 생각해요. 불공평함에 대해서 따지자면 끝이 없어 내 스스로의 기준으로 행복을 느끼고 있습니다. 좋은 글 감사드립니다.

삶이 불공평하다지만, 존재만큼은 부정할 수 없기에 우리는 그저 존재의 소중함을 느끼고 살아가야 하지 않을까요

저, 이 댓글들에 진심으로 공감합니다.

인재(人材)와 인재(人災)사이

"사회 각 분야에서 대성공을 거두었던 사람들은
대부분 운이나 타고난 재능,
교육 이전에 자신들이 태어난 시기, 자란 장소,
생활 공동체의 문화적 환경 등의 복합적인 요인으로부터
긍정적 영향을 절대적으로 많이 받은 사람들이다."
-말콤 그레드웰

투수 류현진이 MLB 애리조나 에이스를 상대로 3안타를 때리는걸 보고 마치 제일인 양 흥분했었습니다.

박찬호처럼 연습생, 최저가 계약으로 프로 생활을 하다 각고의 노력 끝에 자수성가하는 그런 드라마틱한 성공사례보다 코리안 시리즈에서는 하지 못했던 일이 메이저리그에서 가능하게 된 것에 대한 의미 즉 사회적 '시스템'이라는 것이 개인의 역량 발휘에 얼마나 영향을 주는가에 대한 또 다른 현실적 사례가 될 듯했기 때문입니다.

'재능' 있는 인재를 찾는다는 건 회사의 사활이 걸린 중요한 문제입니다. 회사에서 찾는 재능이 오디션 같은 특이한 채용절차로 발굴될 수 있는 것인지, 그렇게 찾은 인재가 회사에 맞게 재조립된 후 어떤 성과를 내는지는 잘 모르겠지만 제대로 된 회사라면 재능 있는 사람을 선별하는 방식은 꾸준히 바꾸더라도 회사에 필요한 인재를 찾는 일은 영원히 멈추지 않을 것입니다. 그런데 그렇게 힘들게 찾은 많은 인재들이 회사를 떠나곤 합니다. 그런걸 볼 때마다 '발굴'만큼 중요한 '환경'에 대해 이야기하고 싶어집니다. 시스템이라는 것. 개인의 타고난 재능보다 그 재능을 위한 시스템이 먼저 정비되어야 한다는 것. 보다 더 정확하게 말하면 아이들을 위해 우리가 깔아줄 수 있는 판(板)'에 대해 말입니다.

저는 러시아 문학이 좋습니다. 어쩔 수 없이 보편적인 한국사람의 관점에서 아이들 책을 고르는 아내와 책을 대하는 부모의 '바람직한' 태도에 관해 이야기하면서 구소련시절에 출판된 아나똘리 리바꼬프(Anatoli Rybakov)의 『아르바뜨의 아이들(Deti Arbata)』이라는 소설을 생각하곤 합니다. '나를 위해 읽는다'는 개념이 아니고 '읽혀야만 하는 의무감' 때문에 기백만 원 하는 교육용 전집을 두고 고민할 때는 더더욱 문학적 순수함으로 책을 대할 수 없는 아쉬움을 생각하곤 합니다. 그때 정품 서적이 모두 매진되어 암시장에 복사본이 돌았고 일반 노동자의 3개월치 월급에 해당되는 금액이었던 복사본마저도 품절되었다는 '아르바뜨의 아이들'이라는 소설을 떠올리는 건 우리가 책을 읽는다면 뭘 위해, 누구를 위해 읽어야 하는가? 하는 본질적인 부분은 개인이 아닌 사회 시스템과 문화가 정의해줄 수 있는 일이라 생각하기 때문입니다.

당시 러시아 문화가 그렇지 않았다면 있을 수 없는 품절사태였고 이는 전집 문화가 유독 우리나라에서만 왕성하다는 사실과도 일치하는 이야기도 될 것입니다. 긍정적이든 부정적이든 그렇게 할 수밖에 없도록 만드는, 원하든 아니든 그런 시스템을 따라야 한다는 '의무감'을 느끼게 만드는 것이 프레임과 시스템이 되겠지요.

쉽게 믿기는 어려운 이야기지만 2차대전 때 마지막 피난 열차에 사람들이 몰려들었는데, 알렉산드르 푸슈킨(Aleksandr Sergeevich Pushkin)박물관 관장이 "이 기차에는 푸슈킨의 유물들이 실렸고 앞으로 더 실릴 예정입니다." 하자 사람들이 모두 물러나 생명이 달린 피난을 포기했다는 말이 있습니다.

낭만주의 시대의 대표적인 아이콘인 그 작가가 비록 〈러시아인의 모든 것〉이라 불렸다 하더라도 그 암울하기 이를 데 없는 스탈린 시절에도 그런 대우를 받았는지는 잘 모르겠지만 어쨌거나 러시아 사람들의 '문학적 성향'을 알려주는 재미난 이야기가 아닐까도 생각해봅니다.

한때 저는 푸슈킨의 『대위의 딸(Kapitanskaia Dochkan)』의 장면 하나하나를 기억할 정도로 푹 빠져 읽기도 했는데 결국 책에서 나오는 중요한 인물이자 실제로 러시아에서 반란을 일으킨 에멜리안 푸가체프(Emelyan Pugachev) 이야기를 찾아 읽을 정도가 되었으니 의도하지 않은 자기 주도 학습을 하게 된 셈입니다. 학교나 교과서가 시키는 대로 읽어야 하는 책이었다면 저는 절대 그럴 리 없었을 것이고요.

그런데 스탈린 시대와 냉전을 거친 이후 러시아의 도스토예프스키(Fyodor Mikhailovich Dostoevskii), 톨스토이(Lev Nikolayevich Tolstoy) 그리고 푸슈킨을 배출한 위대한 문학의 나라. 백조의 호수가 탄생했고 길이 남을 대 문호, 작곡가, 예술가를 가장 많이 만들어냈던 나라 중 하나인 문화 대국 러시아에서 예전에 비해 '큰 작가'들이 드물게 나타나는 것은 러시아 사람들의 문학적 취향이 바뀌어서가 아니라 큰 작가로 클 개인의 역량은 이전과 같은데 더 이상 당시 소련이라는 나라의 사회적 분위기, 환경, 조건들이 그럴만한 기회를 주지 않았기 때문 아닐까 생각합니다. 농노제 국가였던 러시아에서 유명한 선동가뿐 아니라 리얼리즘의 극치를 보였던 민중 화가도, 문학가도, 음악가도 거의 농부들이 아닌 귀족 출신인 것을 생각해보면 역시 개인의 역량보다 더 탁월해야 하며, 개인의 역량보다 우선해야 하는 것이 사회적 환경의 역량일 것이라 확신합니다. 당시 러시아의 귀족들이 하층민의 삶까지 아우르는 명작을 만들어 낼 수 있었던 것은 중산층은 거의 없는 극과 극을 달리던 계층과 신분, 사회 환경 덕분에 역설적이게도 세상을 더 관조적이고 객관적으로 볼 수 있었던 덕분 아닐까 합니다.

저는 개인의 역량은 사회가 만든 환경을 통해 빛을 발한다 믿는 까닭에 대한민국에서 개천에서 용 나는 시대가 끝났다는데 절망을 느낍니다. 이는 단순히 성공의 조건이 더 까다로워졌다는 사실뿐 아니라 어느 순간 사회 자체가 '우리 아이들의 열린 가능성'을 먼저 차단하는 구조로 바뀌었다는 아쉬움 때문입니다. 그것은 개인의 역량만 가지고 헤쳐나갈 수 있는 성질의 것이 아니라 믿습니다.

오늘도 입사를 하면 거의 쓰이지 않을 수도 있는, 외국어나 각종 자격증 같은 스펙을 쌓아야 하고 그 스펙의 압도적인 비율은 돈으로 만들어지는 것이고 그럼에도 불구하고 취직은 요원하며 그렇게 청춘을 날리는 청년들 이야기를 들으면서 우리 주변의 아까운 인재가 어디에 있는가도 중요하지만 우리가 인재를 받아들일 준비가 되었는지, 그 인재가 어떻게 자라나는지, 우리가 기대하는 그 재능은 어떤 문화와 시스템안에서 꽃피울 수 있을지 스스로 물어야 할 때 아닐까? 하고 생각합니다.

우리 사회가 기본적인 기회를 주었으니 결과는 당신들의 책임이라는 암묵적 약속으로 아이들을 옭아매고 그래서 역량을 발휘하지 못하도록 하고는 더 나은 부품을 찾듯 마냥 새로운 인재부터 찾아다니는 것은 아닐까? 하는 생각도 해봅니다.

더 이상 푸슈킨, 차이코프스키가 나오지 않는 옛 거장의 나라인 러시아처럼 더 이상 인재가 없어서 늘 '젊은 피'를 찾아야 하는 압박감을 혹시 느낀다면 우리 사회와 가정이 아이들에게 제공하는 시스템의 구조적 문제부터 되돌아볼 일 아닐까 하는 생각이 류현진의 대견한 승리와 함께 머릿속을 헤집고 있습니다.

단순히 류현진이 2연승을 하고 투수임에도 3안타를 친 것보다 류현진 그 자체는 변한 게 없는데 한화에서는 하지 못한 일을 다저스에서는 해내는 것에 대해 한 번쯤 곰곰이 생각해볼 수 있다면 우리 아이들이 같은 재능을 가지고 있음에도 다른 사회, 다른 회사에서 할 수 있는 일들을 우리 사회, 우리 회사에서는 못하고 있지는 않은지 한 번쯤 깊이 살펴볼 일 아닐까 합니다.

그런 걸 찾아 해결해주는 것도 '같이 살아가는' 우리 부모들의 책임이겠지요.

＊＊

이 글을 게시하였을 때 특히 입사한지 얼마 안 되었다는 사원들의 댓글이 많았고 대부분은 아무리 한계에 다다를 때까지 스펙을 쌓아도 더 많은 스펙을 요구하는 사회와 회사에 대한 아쉬움을 이야기했었습니다. 그 이야기들 하나하나가 모두가 느끼는 구조적 모순에 대한 아픔이기도 했고 대부분의 부모들이 느끼는 걱정이기도 했습니다. 사실 저도 다를 바 없었습니다.

얼마 전 유치원에 갓 입학한 45개월 딸 아이에게 여러 종류의 물고기가 나오는 책을 읽어주다가 이 아이가 '패턴(Pattern)'을 이해하기 시작했다는 사실을 알게 되었습니다. 한 페이지에 36마리가 들어가 있는 어류 목록에서 세 번째, 여섯 번째, 아홉 번째 물고기를 빼고 읽어주었는데 열두 번째 물고기에 다다라서는 손으로 짚으며 빼고 읽지 말라고 하더군요. 하지만 그 일은 여느 부모들이 한 번쯤 느꼈을 그런 대견함과 신기한 느낌이나 기쁨이 아닌 아이에게 적절한 환경을 만들어 줘야 한다는 무거운 '책임감'으로 다가 왔습니다. 그리고 그럴 때마다 영화 『빌리

엘리어트』에서 발레를 좋아하는 아이를 위해 파업 중인 노조를 버리고 일을 시작한 아버지가 그걸 따지는 엘리어트의 형에게 "혹시나 저 아이가 (발레에) 정말 재능이 있을지 모르잖느냐?"며 우는 장면에서 보았던 그 아버지의 고민과 책임감에 극히 공감하게 됩니다.

만약 우리가 "인재(人災)와 인재(人材)" 사이에서 고민을 해야 한다면 아이들보다 우리 자신부터 되돌아볼 일이구나 싶습니다. 그렇게 노력을 한 신입사원들이 만약 제 역할을 못 한다면, 그건 그 사원들의 잘못 이전에 회사의 구조적인 문제일 것이 확실하기 때문입니다.

공주가 영원히
행복한 건 아니었답니다

요즘 딸 아이가 공주놀이에 푹 빠졌습니다. 그리고 아이에게 읽어주는 동화의 끝에는 항상 "영원히 행복하게 살았답니다"하는 말이 규칙처럼 새겨져 있습니다. 그런데 저는 영화 『졸업』에서 비록 더스틴 호프만과 캐서린 로스가 결혼식장을 박차고 나와 웨딩드레스 차림으로 버스에 오른 것은 무척이나 낭만적이고 행복해 보인 것이 사실이지만 그 둘이 일 년을 같이 살고 이 년을 살고 오 년을 산 후에도 캐서린 로스가 연기한 일레인 로빈슨은 엄마인 로빈슨 부인하고 같이 잠을 잔 남편에게 아무런 반감을 가지지 않고 영원히 행복할 수 있을까? 하는 지극히 오염되고 어른다운 생각을 하곤 합니다.

정말 왕자와 공주는 영원히 행복할 수 있었을까?

그래서 "왕자님과 공주님은 결혼을 해 '영원히' 행복하게 살았더래요" 하는 대목을 읽을 때마다 아름답지만 현실성이 다소 떨어지는 그런 결론 대신 "왕자님은 매일 음주와 가무로 늦고 공주님은 왕자님을 기다리다 폭발을 해서 이혼서류에 도장을 찍네, 마네 할는지도 몰라요"하고 살짝 혼자만의 '동심파괴'를 하곤 합니다. 쓸데없이 진중할 필요는 없지만 아무리 공주님이 왕자님을 사랑했었다 한들 사랑만 가지고는 영원히 행복하지는 못할 것이라는걸 저는 알고 있기 때문이지요.

훗날 사랑은 수많은 요소 중의 하나일 뿐 결혼은 여러 요소가 섞이고 뭉친 동반자 의식으로 유지되고 동반자 의식이란 사실, 사랑보다는 '우정'에 가까운 속성을 가졌다는 걸 결국 공주가 되길 희망하는 딸아이는 알게 될 것입니다. 그래서 결혼생활을 평탄하게, 그나마 '후회' 없이 살아가도록 도와주는 것은 황금 왕관과 멋진 궁전과 한눈에 반하는 사랑이 아닌 사실상 우정에 속하는 잔잔한 감정이라는 것도 알게 되겠지요.

대학생활 내내 같은 방을 쓰며 큰 트러블 없이 무난하게 지낸 친구와 저는 서로 사랑해서 무탈하게 지내온 게 아니라 비슷한 취향, 상호 보완적 성격, 한 사람은 들어주고 한 사람은 말할 수 있는 구조, 그리고 서로에 대한 관대함과 이해 덕분이었다 생각합니다. 엄밀히 말해 이건 사랑이 아닌 우정을 뜻하는 것이라 굳건히 믿는 것은 결혼생활에는 돈도 중요하고 배경도 중요하고 결혼을 통해 새로운 기회를 얻는 것도 중요하겠지만 그런 동반자 의식 없이는 권리를 사랑이라고 착각할 뿐 사실 우리가 말하는 사랑은 아닐 것이라 생각하기 때문입니다.

저는 학생 막바지, 취직이 결정되자마자 결혼을 했는데 아내는 직장인이었고 비슷한 시기에 아내의 학교 후배도 어머니가 '골라준' 어떤 남자와 결혼을 준비했었습니다. 그 후배의 그 남자는 우연히도 그리고 하필이면 저랑 대학 동문이었고 또 하필이면 저와 동갑이었으며 모교에 기부금을 몇억을 낼 정도로 부자인 부모 덕분에 저는 할 수 없는 여러 가지를 준비했노라 자랑을 한 적 있습니다.

그 남자가 준비해주는 고급스러운 것들의 목록이 아내의 후배를 통해 고스란히 아내에게 전해진다는 사실을 알았을 때는 그 커플과 호프집에서 맥주를 마실 때였지요. 그 자리에서 그 남자는 저는 못하지만, 본인은 할 수 있는 몇 가지에 대해 뿌듯해했고 아내의 후배는 다소곳하지만 의도가 명백한 자부심을 보이곤 했습니다. 호프집 사장이 필요 이상으로 그 남자에게 친절한 것이 이상했는데 그 호프집의 건물주가 바로 그 남자의 아버지였다라는 사실도 거기서 알게 되었습니다. 저는 사실 그런 부분에 대해서는 할 말이 그닥 없었는데 그때의 저는 정말 가난했기 때문입니다. 그때 마침 제 앞에 놓여진 땅콩이 눈에 띄더군요. 아내에게 땅콩을 한 움큼 쥐어주며 말했습니다.

"아! 이게 모두 다이아몬드였으면 좋겠어."

아내가 그 허황된 〈땅콩에 담아준 희망〉 덕분에 결혼을 하게 된 것은 아니었겠지만 저는 그 〈땅콩을 통한 희망〉에 대한 아내의 유쾌한 반응에 우리 결혼에 대해 더 큰 확신을 할 수 있었습니다. 그때 우리의 마음에는 흔히 말하는 사랑이 아닌 어떤 동반자적인 공감대가 자리를 잡고 있었을 것입니다. 그 장면을 같이 본 아내의 후배커플은 어떤 생각을 했는지 모르겠지만, 최소한 저희는 그랬죠.

　저희는 신혼여행을 무주 리조트로, 그쪽은 어딘지 기억은 나지 않으나 엄청나게 비싸 보였던 신혼여행지를 향해 출발했고 그렇게 일주일 간격으로 결혼 생활을 시작했지만, 그때 땅콩을 통해 느꼈던 아내와의 동질감, 동료의식만큼은 지금도 온전히 가지고 있습니다.

　지금은 연락이 끊어졌지만, 물론 그 커플이 결국 불행했으리라 생각하지는 않습니다. 많은 돈이 최종적이고 근본적인 불행을 의미하는 건 아닐 테니까요. 반대로 많은 돈이 행복을 보장하지 않듯 적은 돈이 불행을 의미하지도 않아서 근근이 밥을 벌어먹고 일상에 쫓겨 살지만, 사랑보다 더 든든한 아내와의 '우정'에 대해서는 정말이지 감사하고 사는 것입니다. 그리고 그 커플이 아직도 행복한 가정을 유지한다면 그건 돈보다는 사랑 덕분에, 사랑보다는 부부간의 공감대 덕분에 행복할 것이라는 예상도 해봅니다. 그래서 제가 만약 동화를 쓴다면 이런 말을 쓰고 싶은 것이지요.

　"한때 서로 사랑했던 공주과 왕자님이 오래오래 사랑하지는 않았답니다. 하지만 왕자님과 공주님은 좋은 친구가 되어 한평생 즐겁게 놀고 서로 의지하고 가끔씩 다투지만 미워하지는 않는 그런 사이라서 둘이 사랑했던 시절보다 더 행복했다고 합니다."

＊＊

　어느 순간에 지나치게 돈에 '매몰'되고 있는 세대에 대해 깊이 생각하게 됩니다.

요즘은 자신의 노력이 아니면 그닥 자랑스럽게 생각하지 않았던 예전과 달리 "부모에게 받을 유산이 얼마나 되고 그래서 나는 이렇다." 라고 자랑스럽게 말할 수 있는 세상이 되었습니다.

어떤 연예인이 TV에 나와 "전(前) 남편이 생일 선물로 몇 층짜리 건물 한 채를 선물했다"거나 "전(前) 시어머니가 향수 선물을 했는데 그 유명하고 비싼 향수를 큰 통으로 여러 개 사왔더라" 하니 사회자는 "며느리가 뭘 좋아하는지 몰라 다 사오셨군요?" 하는 식의 "양적, 물적" 가치들이 우선되고 남발되는 세상이기도 합니다.

만약 선물 받은 건물의 층수와 향수의 '양'이 곧 서로를 향한 '깊은 애정'을 의미하는 것이라면 왜 그 건물을 준 사람은 '前' 남편이어야 했고 그 향수를 선물한 사람이 왜 '前' 시어머니여야 하는지 설명하기 어려운 이야기들이 춤을 추는 세상에서 우리 아이들에게 온전한 순수(純粹)를 말하기는 쉽지 않지만, 아이들이 나중에 컸을 때 결혼이나 인간관계에서 가장 우선이 되는 가치만큼은 단순히 신분이나 부의 가치에 따른 맹목적인 사랑이 아니라, 서로 간의 '헌신'과 서로를 향한 '믿음'에 있다는 사실을 먼저 알 수 있기를 기대합니다.

그게 동화보다 더 행복하고 영원한 '사랑'을 가능하게 하는 가치일거라 믿기도 하니까요.

부모의 일생, 특히 한국이라는 나라

대한민국에서 최고의 육아 상품을 찾으라면
그건 아마도 '두려움'일 것.

화가, 카라바조! (Michelangelo Merisi da Caravaggio, 1571-1610), 이탈리아에서 출생.

자화상으로만 보면 한국의 김 c라는 보기에 억울해 보이는 연예인의 이미지를 짙게 풍기는 화가. 빛과 어둠의 '명암' 기법을 통해 자신의 철학을 표현하던 가난한 예술가의 현실주의적 작품을 볼 때마다 가슴이 뜁니다.

일상을 살다 보면 그와 종류는 전혀 다르지만 비슷하게 격한 흥분을 느끼게 만드는 일들이 있지요. 그때마다 카라바조의 그림이 생각납니다.

주말, 분당의 탄천을 끼고 도는 산책로에서 잠시 쉬고 있는데 어떤 유아도서와 교구 회사에서 파라솔을 치고 마침 아이를 안고 지나던 아줌마 둘을 붙잡았습니다. 사실 붙잡았다기보다는 스스로 걸려들었다가 맞겠지만 어쨌거나 그중 한 아줌마의 첫 번째 실수는 간단한 '관심'을 보였다는 것인데 저도 눈치챈 그 아줌마의 흥미를 교구 세일즈우먼이 놓칠 리는 없었겠지요.

세일즈우먼은 그 순진한 아줌마의 아이에 대해 몇 가지 일반적인 질문을 한 후 자신의 교구를 이리저리 뒤집어 보이며 "아이의 나이에 '딱' 맞는 몇 살짜리 책이 있고 이 세트는 어떻다."라며 설명하기 시작했습니다. 그런데 생판 처음 보는 아이에게 그 아이가 어떤 관심을 보이고 어떤 성향을 보이는지도 모른 채 "아이가 몇 살이라면 몇 살부터 몇 살까지라고 표기된 이 책을 읽어야만 한다."고 말할 수 있는 자신감은 어디에서 나오는 걸까? 하는 의문은 어중이떠중이 관찰자밖에 없는듯했고 세일즈우먼과 아줌마는 칭얼대기 시작한 아이는 잠시 무시한 채 그 아이를 위한 책에 대해 이야기를 시작했습니다. 그리고 가격을 묻고 망설이는 아줌마를 보고 세일즈우먼은 나누어 살 때 어쩌고, 세트로 살때 저쩌고 했습니다.

저는 세일즈우먼이 망설임 없이 말한 가격을 훔쳐 듣고 깜짝 놀랍니다. 아무리 책이 소중한들 언제부터 유아 책값이 세간만큼 비싸졌을까요?

여전히 망설이던 아줌마는 이것저것 다양한 책과 교구에 눈길을 주다 이내 포기한 듯 발을 돌렸고 세일즈우먼은 늘 분명하고 확실한 효과를 보았기 때문에 여러 번 써먹었을 '만병통치약'을 쓰기 시작했습니다.

"이거요. 요즘 '대치동' 엄마들이 그 나이 때 필수로 준비하는 건데 다른 책은 안 사도 이건 꼭 사거든요."

강남에서 20분 거리의 분당에서 일어난 일이라 그런지 '강남'

이라 안 하고 '대치동'이라 한 건 또 다른 고도의 '차별화'인지 모르겠습니다. 다른 지역이면 대치동이 아닌 '강남'이라고 했을법한 광경을 본다는 건 민망하기 그지없고 사실 웃기면서도 사람을 왠지 모르게 불편하게 만드는 것이기도 했습니다. 설령 그 책이 '대치동' 엄마들에게 정말 베스트셀러였다 하더라도 제 마음이 불편해진 건 대치동 그 자체보다 그 세일즈우먼이 대치동을 이용해 끌어낸 건 그 아줌마의 '위기감'이었다는 사실을 간파했기 때문입니다. 그렇다면 정작 억울한 건(옳든 그르든) 헐한 책값에 통째로 넘어간 대치동 엄마들의 교육철학 아닐까? 싶기도 했고요.

"아아! 아줌마. 제발~ 대치동이라는 말에 절대 속으면 안 돼요! 말이 안 되잖아요."

실제로 그렇게 말했다면 세일즈우먼은 저를 지옥이라도 던져버렸을 말이 입가에 맴돌았습니다. 순간 제 앞에 망설이며 서있는 여자가 제 아내인 것처럼 애도 탔었죠. 그러나 아줌마는 그냥 보면 느끼한데 만나고 보면 매력 있는 포마드 머리의 제비에게 꼬인 바람난 아줌마처럼 발길을 되돌리고는 "그래요?"했고 대치동이라는 묘약은 세일즈우먼의 입을 타고 아줌마의 귀를 향해 연이어 날아가기 시작했습니다. 사실 아무리 반감을 가지고 보더라도 그런 전략은 영업적인 측면에서 대단히 효과가 있어 보였습니다.

그때 대치동을 힘주어 강조하던 그 세일즈우먼을 보면서 생각난 그림 하나.

카드사기꾼(Cardsharps, i Bari)

<출처: https://www.kimbellart.org/ 킴벨 미술관>

"반품 가능"이라는 마지막 옵션을 들은 아줌마는 결국 사인을
하고 저는 다시 관찰자로 되돌아가 가만히 흐르는 탄천을 바라
봅니다. 뭔지 모를 불편함이 엄습하더군요.

속지 않으려면 자신의 패를 보이지 말아야 하는 것처럼 시류
에 흔들리지 않으려면 유행을 타지 말아야 한다고 다짐하며 사
람들이 말하는 학원 뺑뺑이로 이름난 대치동의 성공이 대한민
국 교육의 성공일 수 있다면 저는 그냥 '우리 아이들의 대한민국
식 교육을 포기하겠다.'하고 결심했었지요.

하지만 이제 고작 본 게임은 시작하기도 전인 유치원에 입학
했을 뿐인데 그전의 호기로움은 어디론가 사라지고 안절부절 불

안감, 조심스러움 그리고 불편함을 함께 느끼는 대한민국에서의 '부모의 일생'을 그대로 답습하고 있는 저를 보게 되었던 것입니다. 그 순진한 아줌마를 탓할 일이 아니었던 것이지요. 그때 딱 이런 이미지가 생각났습니다.

골리앗의 머리를 든 다윗(David with the Head of Goliath)

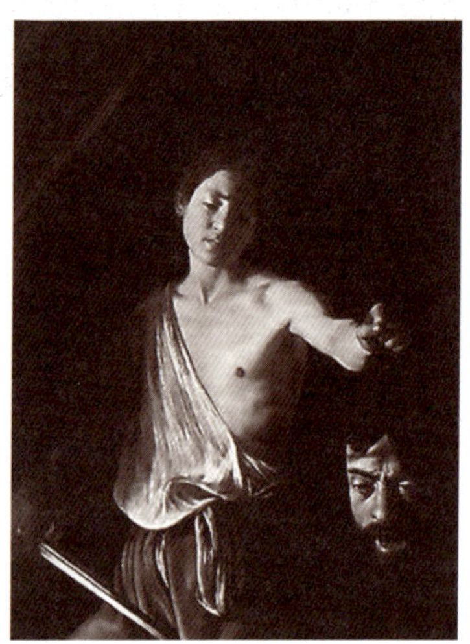

〈출처: www.galleriaborghese.it / 보르게세 미술관〉

마른 수건을 쥐어짜듯 암기에 인생의 초년을 소비한 아이들이 명문대를 가고 사회적 승리자가 되더라도 내면의 아이는 비명을 지르다 말 것이고 부모인 나와 내 아내는 그런 아이들을 바라볼 때마다 다윗의 표정처럼 슬픔과 연민에 가득 찰 게 뻔한데 그걸 알면서도 현실적으로 그 길을 가야 한다는 암담함을 생각할 때마다 저는 카라바조의 다윗과 골리앗을 떠올리곤 하는 것이었습니다.

"아. 하느님. 부처님. 그게 누구든 제가 아이들을 볼모로 한 협잡꾼의 외침과 진정 아이에게 바른길을 알려줄 선지자의 외침을 구별할 수 있는 힘을 주세요. 네?

제가 대치동과 옆집 아이의 교육내용을 '듣고' 불안감을 느끼지 않을 수 있는 용기를 주세요. 네?

저희가 세운 나름의 교육철학을 조급함과 불안함에 흔들리지 않고 고수할 수 있도록 도와주세요. 네?

그리고 시간이 되시면 저기 저! 대치동이라는 마약에 발길을 멈칫하는 아줌마에게도 조금 나눠 주시고~"

아이들 책에 아이의 성향에 상관없이 '퉁'쳐야 하는 '나이별'과 '단계별'이 있다는 사실을 처음 알았을 때 느꼈던 생경함이 이유 없는 불쾌감으로 변합니다. 무슨 책에, 광고에, 풍문에, 사람들 말에 "그 나이 때는 '어떤 책을 읽고 뭘 해주어야만' 한다." 또는 "어느 출판사 전집이 '지능개발'에 좋으며 백과사전을 읽어주어도 괜찮다." 또는 "옆집 아이는 벌써 레츠 고, 헬로까지 말할 줄 알아요." 하는 말을 들을 때마다 저는 성마테를 떠올립니다.

성마테(Saint Matteo)

〈사진출처: http://www.wga.hu/art/c/caravagg/04/25conta.jpg〉

우리가 카라바조라는 화가를 잘 모르는 것은 그가 그린 그림
이 우리가 생각하는 표준이 아니어서 그럴지도 모르겠습니다. 창
의력의 시대이니 우리 아이도 창의적이었으면 하고 바라면서, 지
나칠 정도로 솔직한 카라바조라는 화가의 그림에 감동을 한다면
서도 정작 아이들에게는 표준을 말하고 그 표준적 가치를 따르
라고 할 수밖에 없을 때 가끔씩 몹시 슬퍼지기도 합니다. 동화를
읽어주면서도 어느덧 그 목적이 감성과 교감의 교류가 아닌 지식
'전달'이 돼버린 세상에 사는 건 참 미칠 노릇이기도 하고요.

어떤 사람이 '여행'을 다녀왔다며 동서유럽 6개국을 5일 만에 돌파한 것을 자랑스레 말할 수도 있는, 감성이나 느낌보다 기계적 속도나 수치에 천착하는 문화에서 '지성의 품질'을 이야기하기에는 이미 지친 감이 있습니다. 그런 건 여행이 아니라 행군 아니냐? 말하고 싶은데 누구나 다 여행이라고 말하니 지칠밖에 없겠죠. 이런 피곤함은 대한민국 부모들의 '평균적인' 일생에서 여러 번 경험하는 것이기도 하겠지요. 그때 저는 이런 생각을 합니다.

"우리 아이들이 누구 말마따나 '도토리'와 같아서 이미 모든 능력을 가지고 태어났고 꼭 우리 아이들이 아니더라도 세상의 모든 아이들도 씨앗과 같다고 믿는데, 그런 아이들이 제각각 자기의 모습으로 자라지 못하고 틀대로 자라야 하는 상황은 생각만 해도 답답하구나. 그리고 알면서도 그걸 따를 수밖에 없는 나의 소심이라니."

아! 정말! 하필이면, 나무 이상으로 훌륭한 가치를 이미 가지고 태어난 아이들을 그렇게 만드는 세상. 불행히도 유독 유별나게 그렇게 정해놓은 국가에서 아이를 길러야 하는 탓에 가끔씩 아찔해지곤 합니다.

세상의 모든 나무들을
씨앗이고 초목일 때부터 똑같은 틀 안에 넣어 자라게 해서
결국 온 세상의 나무가 똑같은 크기, 같은 모양새라면
이 세상의 숲은 얼마나 멋없고 삭막할까?

손가락 걸고 약속!

선한 바람과 맑고 청량한 냉기가 돌던 눈 내린 어느 겨울밤. 배앓이로 울며 잠들지 못하는 너희를 너희 눈만큼 맑고 밝은 달빛에 기대어 안은 채 가만히 바라보던 날 너희가 나를 아빠로, 너희가 나의 아내와 나를 부모로 택해준 것에 대해 너무나 고마워했단다. 그리고 그때 우리가 너희에게 해줄 약속이 있었음을 알게 되었지. 한시도 잊지 않고 시간이 흘러도 변하지 않을 그런 약속 말이지.

내 사랑하는 아이들. 기억하거라.

- 너희 인생의 주인공은 바로 너희란다.

우리는 단순히 사회적인 성공이나, 자랑거리를 만들기 위해 너희들의 인생에 관여하지는 않을 것이야. 중요한 것은 너희가 너희의 인생을 살며 얻을 수 있는 가치이지 엄마와 아빠의 가치는 아니기 때문이란다. 엄마와 아빠는 너희들이 건강한 상식을 가진 사람으로 남에게 부당한 피해를 주지 않는 정도로 자라만 준다면 그것에 만족한단다.

부모인 우리의 역할은 너희들이 참다운 인생을 살 수 있도록 자리를 마련해주고, 행복의 기회를 잡을 수 있도록 너희 앞에 놓여진 수많은 다양한 길들을 같이 바라봐 주는 것일 뿐 결코 우리의 희망과 욕심이 너희의 길인 것처럼, 너희들 인생을 우리의 입맛에 맞게 통제하고 강제해서는 안 된다는 걸 잘 알고 있단다.

이헌(李憲), 이안(李安), 내 사랑하는 아이들.
너희의 인생은 온전히 너희들 것이란다.

너희의 인생은 너희가 설계하고 너희가 주인으로서 너희가 희망하고 그 누구도 아닌 너희에게 행복한 너희 자신을 위한 인생을 살 수 있기를 바란다.

· **부모라는 역할에 대해 대신 걱정 말거라.**

누군가 우리가 너희를 위해 희생하고 있다고 말한다면 그건 잘못된 말이란다.

우리는 너희에게 좋은 친구이자 좋은 인생의 가이드로서 너희가 너희 인생을 충분히 숙고하고 계획할 수 있을 정도까지 무사히 자라는데 온 힘을 쏟고 그 과정에서 얻는 행복만으로도 충분하단다. 너희가 우리와 함께하는 것만으로도 충분히 행복하고 값어치 있는 일이기 때문에 사람들이 말하는 부모의 희생이란 너희를 키우면서 얻는 기쁨에 대한 대가일 뿐 너희가 짊어질 빚은 아니니 〈너희의 꿈을 부모인 우리에게 맞추지는 말거라.〉

- 우리는 너무나 잘 알고 있단다.
  너희는 순수한 하나의 인격체라는걸.

아빠가 사회적으로 힘들거나 심정적으로 어려운 일이 있더라도 결코 아빠의 감정을 그대로 너희에게 보내지는 않겠다. 설령 너희가 어떤 잘못을 하더라도, 아빠의 기분을 투영하여 억지로 계도하지는 않으려 한다. 우리는 부모로서, 동반자로서 있는 그대로의 문제를 보고, 있는 그대로의 현실을 보면서 하나의 독립된 인격체로 너희를 대할 것이고 이 생각을 가슴 깊이 새기며 너희와 함께 할 것을 약속하마.

- 너희가 세상에 홀로 설 수 있도록.

세상에 나온 이상 언젠가는 타인의 도움 없이 홀로 설 수 있어야 하는 것이 이치고 도리이며 현실이란다. 아빠와 엄마의 가장 큰 목표 중 하나는 너희가 올바른 심성과 가치관으로 세상에 홀로 설 수 있도록 돕는 것이라 믿는단다. 때문에 충분할 만큼 돌봐주고 살펴주는 것도 사랑이 될 수 있겠지만, 끝까지 그럴 수는 없으니 아빠와 엄마는 다소 어려움이 있고 안타까움이 크더라도 적절한 계도와 훈계를 아끼지 않으려 한다. 중요한 것은 너희가 세상에 튼튼한 뿌리를 내릴 수 있도록 돕는 것이고 그래서 때로는 냉정하게 때로는 따스하지만 원칙에 따른 그런 역할을 할 것이란다. 하지만 그 어떤 경우라도 너희과 함께 하는 마지막 순간까지 우리는 언제나 너희들 편이라는 것, 그 모든 일에 너희들에 대한 우리의 사랑이 함께 함을 기억해주거라.

• 너희의 눈높이에 맞추어.

너희의 잘못을 타박하기 전에 우리를 되돌아보려 한다. 그 어떤 일이 있어도 너희를 비난하거나 힐난하지 않으려 한다. 너희가 어떤 잘못을 하거나 적정한 시점임에도 그걸 깨 닿지 못한다면, 그걸 알도록 충분히 함께하고 같이 해야 했는데 그걸 못한 우리의 잘못이 먼저지 너희의 잘못이 먼저는 아니란다.

너희가 잘하는 것은 너희의 성과이고 우리의 기쁨이지만, 너희에게 잘못이 있다면 이는 너희의 잘못 이전에 엄마 아빠의 실수라는 것을 잘 알고 있단다.

너희가 실수했을 때, 그 실수가 왜 잘못인지 생각할 겨를도 없이 지레 겁을 먹거나, 상황에 질리지 않도록 소리치지 않고 너희의 눈높이에 따라 너희를 바라볼 것을 약속하마.

사랑하는 내 아이들.
사자가 사슴 새끼를 낳는 법은 없다고 하였다.
너희의 잘못이나 미진함은 우리의 잘못이 먼저란다. 행여 있을

지 모르는 너희의 미진함까지 함께하는 아빠와 엄마가 될 것을
약속하마.

– 너희 인생의 가이드, 너희와 늘 함께할 아빠, 엄마 드림 –

나와 다르다는 것

지난 대선 기간에 여느 게시판처럼 톡톡도 뜨거웠습니다. 대선 후 톡톡을 보는 솔직한 심정 중 하나는 본질과 동떨어진 채 서로 다투는 댓글들을 덜 볼 수 있어 좋다는 점입니다. 대부분의 경우는 설령 서로 동의를 하지 않더라도 현실생활에는 별문제가 없는 일들인데 보기에는 참 불편한 것들이 많지요. 많이들 하는 이야기지만 시간이 조금 지난 후 생각해보니 "다르다와 틀리다"를 제 자신도 많이 혼동했구나 싶어 예전에 어딘가에 투고했던, 어떤 본질에 대해, 나와 다르다는 것에 대해 적은 글을 다시 찾아봅니다. 단 몇 개월 있었을 뿐이고 무교(無敎)라서 그 나라를 다 아는 건 아니겠지만, 기억에 남는 잔상도 함께 적어봅니다.

• 어느 번잡한 도시에, 우리로 치면 인사동쯤 되는 번잡한 도로에 갑자기 기다란 식탁이 하나씩 하나씩 놓이면서 길 가던 사람들이 자리를 잡고 앉아 있습니다. 물론 '가난한 여행자'도 그들과 함께 자리를 잡고 앉아 있습니다. 저녁 어스름해질 때쯤 영수증, 차림표도 없이 사람들은 밀가루 빈대떡 같은 빵과 함께

우리나라의 된장국 비슷한 닭죽을 내주고 그들과 다른 생김새, 그들과 같은 모양새라고는 며칠을 깎지 않은 수염만 같았던 제 앞에도 어김없이 풍성한 빵과 반찬들이 놓여집니다. 식욕이 앞서 감사의 마음을 느낄 새도 없이, 그렇다고 누군가 와서 '나는 이런 사람'이라고 말하는 이도 없었기 때문에 조용히 밥을 먹고 사라집니다. 그렇게 식탁은 비워지고 다시 채워지기를 몇 차례 하루가 지나고 다음날에도 어김없이 식탁은 차려집니다.

먹는 사람은 그들의 신에게 감사하고 주는 사람도 그들의 신에게 감사하고 깍두기이자 이 외로운 '이교도' 또한 모든 이에게 감사합니다.

살아오면서 이런 '헌사'에 익숙지 못했던 제게는 그것 자체가 은밀한 신선함이었습니다. 그리고 베푸는 사람이 신에게 감사하는 이유는 '베풀 수 있는 부'를 주신 것에 대한 감사의 뜻이라 했습니다.

그 도시의 부자들이 돈을 모아 가난한 사람들에게 음식을 주는 것입니다. 물론 '누구누구 제공' 이런 따위의 말도 없으며 감사를 강요하지도 않습니다. 그러지 않는 이유는 말을 안 해도 위대한 알라는 그들의 선행을 알고 있기 때문입니다. 그리고 이런 모든 일을 그들은 '라마단'이라고 한답니다.

• 사람들이 '졸단'이라고 부르는 요르단의 2천 년 된 원형극장 끝머리에 서서 뒷굽이 다 닳은 운동화 끈을 동여매다가 문득 담배를 피워 물었습니다. 한두 모금이나 빨았을까? 어느 노인이

제게 손가락을 가로 치며 조용히 '라마단. 으흠. 라마단'이라고 말했습니다. 제 손끝에서 타는 담배보다 이 주책스런 흡연 욕구가 창피해서 그만 화들짝 담배를 꺼버렸습니다. 저는 그 노인의 은근한 미소를 보며 미안한 웃음을 짓고 그 잠깐의 해후를 끝으로 서로 등을 돌렸습니다. 어쩌면 이게 우리가 들어왔던 '광신'의 본질일 수도 있습니다.

그렇게 몇 달이 지나자 이 아랍이라는 곳이 내가 그동안 배워왔던 것처럼 '단순하고 무식하고 또한 광신적이지만은 않는구나!' 하는 자각을 막 시작할 때가 되었고 그런 희한한 선입관을 가지도록 만든 그 무언가에 대해 뭔가 모를 배신감을 느끼곤 했습니다.

겪어보신 분들은 아시겠지만 가끔씩 아랍사람들이 참으로 '단순'하구나, 하는 생각을 합니다. 하얀색 운동화를 신고 있는데 구두를 닦으라 달려드는 아이들 투성이입니다. 그런데 단순하다는 것은 순수하다는 것일 수도 있다는 생각을 하곤 합니다.

길거리에 하릴없는 저울이 있고 사람들은 자기의 몸무게를 재고는 동전을 놓고 갑니다. 저는 자기의 몸무게를 목욕탕이 아닌 길거리에서 잰다는 사실보다 도대체 저게 '장사'가 되나 싶은 의구가 용솟음치곤 했지만, 나중에야 아주 나중에야 그게 '자선의 한 방편'이자 '구걸을 해도 공짜로 하지 않겠다는 처연한 의지'일 수도 있겠다는 생각도 해봅니다. 이게 우리가 듣는 '아랍의 헐벗음'의 정체일수도 있겠다 생각합니다.

• 이집트에서는 물담배를 피우고 세계 어느 나라의 만국공통 어 '차'를 한잔 마시고 물건값을 깎고 또 깎자, 수염 덥수룩한 녀석이 제게 물었습니다. '아유 해피?' 그렇게 깎으니 행복 하더냐? 이런 은근한 은유가 통하는 나라는 인도밖에 없는 줄 알았더니 그게 아니었던 것입니다. 이게 아랍식 '대응'의 실체일 수도 있겠다 하고 생각도 해봤습니다.

• 열다섯 시간을 달려 진짜 '아랍'이라는 시리아에 들어섰을 때 저는 온통 차도르투성이의 여자들을 상상했습니다. 그런데 그 덜덜거리는 벤츠 버스를 타고 내린 시골 정류장 옆의 중앙 공원은 온통 청바지에 남자 손을 붙잡은 여자들 투성이였고 저의 환상은 다시 한 번 깨졌습니다.

시내를 돌아 그 유명한 아랍의 '시장'을 돌아갔을 때 갑자기 차도르를 입은 수많은 여자들이 쏟아져 나왔고 역시 그렇군 하며 하나의 확신의 끝자락을 붙잡고 늘어질 때쯤 적어도 하나의 예상만큼은 틀리지 않았구나 하던 그 직후 장에서 청바지를 입고 차도르를 사는 여자를 본 순간 어느 순간에 '원하면 차도르 원하면 청바지'라는 사실을 깨달았습니다.

• 지도를 길가에 펴 놓고 동전을 던져 찍은 이름도 잘 기억나지 않는 터키의 어느 시골 동네로 마이크로 버스를 타고 들어갔습니다. 자리는 모자랐고 저는 기사 뒤에 앉아 있었으며 한 무리의 교복 입은 남학생들이 그 뒤를 차지하고 앉았습니다.

제대로 포장도 안된 길을 따라 한참을 달려 다음 정거장에 왔
을 때는 이어폰을 낀 어느 여고생이 버스를 탔고 사람들이 뒤로
조금씩 밀려들어 갈 때쯤 '시네마 천국'의 알프레도 할아버지를
닮은 기사가 뒤를 돌아보며 뭐라 뭐라 하자 제 뒤에 앉은 남학생
하나가 벌떡 일어나고 그 자리에는 조금 거만해 보이는 듯 한 표
정의 그 여학생이 아무런 말도 없이 '처음부터 자기 자리였다는
듯' 그 자리에 털썩 앉아 창밖을 바라보았습니다.

길다란 남학생은 머리를 수그린 채 손잡이를 잡고 버스는 다
시 먼지투성이 길을 달리기 시작했습니다.

그런데 참으로 이상한 일이었습니다. 제가 듣고 예상한 바에
따르면 그 여고생은 다음 버스를 타든지 아니면 고개를 숙인 채
'여자로 태어나 죄로 벌 받는 시늉'을 해야 했는데 말이죠. 이게
우리가 생각하는 아랍여자의 '불쌍함'에 대한 본질일 수도 있습
니다.

• 예전 아프가니스탄의 바미안 석불에 '박격포'를 쏜 것을 보
는 순간 불교 신자는 아니지만, 말로 형용하기 힘든 슬픔을 느
꼈습니다.

이는 유고 내전 때 저격범이 총을 쏴대는 틈에도 동네 앞 700
년 된 아름다운 다리를 다칠까 봐 자기들이 가진 모든 폐타이
어로 얽기 설기 감싸놓았던 사람들의 심정과도 같았을 것입니
다. 그리고 그 '사실'에 대해 '그럴 수밖에 없도록' 유도한 사실상
의 폭압적인 힘이 서방으로 나왔다는 '진실'을 파악하지 않는 이

상 우리는 그들의 무식함에 단순함에 폭력적임에 다시 한 번 놀라며 '역시'라고 한 번 더 그들의 광신과 폭력과 여성억압 그리고 종교적 탄압을 떠올릴 터였습니다.

• 터키의 보스플러스 해협 위 다리에는 수십만 개의 낚싯대가 놓여 있고 아침부터 늦은 저녁까지 하루 종일 낚싯대에 매달려 있는 사람투성이입니다.

어떤 경박한 '한국인' 아저씨는 "저 새끼들이 저러니까 가난한 거야" 하고 소리를 질렀지만 그리고 그 말을 그냥 듣고 말았습니다만 저는 한편 너무나 가난해서 아무리 해도 일거리를 찾을 수 없어서 저럴 수 없는 처지일 수도 있는 가능성을 한 번쯤 생각했으면 했습니다.

그 위의 산등성이 언저리에는 우리가 말하는 '은밀한' 곳이 있는데 흔히 생각하는 것과 다르게 그들은 돌팔매질을 당하지 않는다 했습니다. 물론 왕따를 당하지도 않으며 오히려 국가의 일정 정도의 보호를 받는다 합니다.

그들은 매춘을 하지만, 그들이 그 신성한 정교일치의 사회에서 살아남을 수 있는 건 '생활능력 부재에 대한 생존 환경으로서의 일탈'쯤 되는 암묵적 허용이고 아랍의 일부다처의 근본 취지와 일맥상통합니다. 이게 바로 아랍이 줄 수 있는 '관용'의 본질일 수도 있겠다 생각도 해봅니다. 마치 십자군 때 관용을 베풀어준 아랍의 용장 '살라딘'의 철학과도 같은 관용 말이지요.

나중에 제게 아이가 생긴다면 저는 애먼 생나무를 자르고 고백을 해서 정직의 상징이 된 조작된 우상의 워싱턴 전기를 읽히는 대신 이 인간미 100점의 살라딘의 전기를 구해 읽혀야겠다 생각한 건 8개월가량, 무슬림과 같이 살던 때였던 것 같습니다.

• 항상 주의하려고 노력하지만 보는 것만 보는 것이 아니고 듣는 것만 듣는 것이 아닐 것입니다. 제가 경험한 것 또한 어느 단편적인 요소 하나만의 이야기일 것입니다. 하지만 이제까지 아랍국가를 경험한 그 어떤 사람들 특히 한국과 일본사람들치고 "이제까지 배운 것은 다 거짓이었다."라는 의사 표현을 하지 않는 사람을 보지 못하였습니다. 최소한 전부 다는 아닐지라도 일부라도 사실은 사실인 것이었습니다. 그들이 아니어서 그들의 완전한 실체를 모를지는 몰라도 그게 그들의 생명을 함부로 대할 이유가 되진 않을 것입니다.

본질을 모른다는 것…. 우리와는 다르다는 말의 의미….

이 세상에서 가장 슬픈 말이 된 '국제적 협력관계'라는 말은 게르만이 유대인을 죽이고 유대인이 팔레스타인을 학살하고 앵글로 색슨은 수니파 아랍인을 죽이고 아랍인은 쿠르드를 죽이고 그들이 그럴 수 있는, 일본이 남경에서 사람들을 생으로 파묻고 기름을 붓고 폭탄을 던질 수 있었던 이 모든 이유는 그들은 우리와 '다르다.'라고 생각을 했기 때문일 터였습니다. 인간이 인간보다 소와 닭을 죽이는 게 더 쉬운 것처럼 말이죠.

"나와 다르다는 것"

똘레랑스. 관용. 자신이 "타인을 있는 그대로 인정한다."할 준비가 있다는 건 때로는 내 인생을 풍요롭게 하고 타인의 인생까지 행복하게 만들 수 있는 '좋은 일' 아닐까 생각해봅니다.

얘들아! 떠나거라

아빠는 상상한다.

너희가 배낭 하나 짊어지고 발길 닿는 곳으로 떠나는 모습을 흐뭇하게 바라보는 장면을…….

세상은 우리가 생각하는 것처럼 넓다가도 좁으며, 좁다가도 넓으니, 너희가 원하는 곳 어디라도 훌훌 떠날 수 있는 용기를 가졌으면 좋겠다. 필요하다면 대학을 아니 가도 좋고, 언 듯 인생을 낭비하는 것이라는 말을 들어도 좋단다. 사람들이 말하는 성공과 행복은 관점의 차이가 워낙 큰 것이어서 조금 느리게 가는 대신 너희가 그곳에서 보고 듣고 느낄 소소한 경험들은 결코 계량되지 못할 소중한 경험이 될 테니 걱정하지 말고 떠나렴.

얘들아. 사랑하는 내 아이들아.

사회적 가치와 인생의 가치가 언제나 같을 수는 없단다. 만약 그중 하나를 택해야 한다면 아빠는 인생의 가치를 가지는 쪽을 택하길 바라는데 그 이유는 너희가 그 여정의 시작하는 바로 그 순간이 한 명의 성인으로서, 한 명의 온전한 판단 자로서의 첫 걸음이기도 할 것이기 때문이란다.

가서 보고 느끼고 공유할 수 있어서 보다 성숙하게 자랄 수 있고 인생의 지표를 스스로 얻어낼 수 있다면 까짓, 대학이며 공부며 취직이며 조금 늦게, 조금 느리게 가는 것도 나쁘지 않은 일일 거란다. 조금 늦은 걸음이 더 빠를 때도 있으며, 시간을 잃는 것보다 기회를 잃는 것이 더 무서운 법이란다.

너희들이 훗날 세계지도를 펼쳐놓고 어디를 원하고 왜 원하는지를 찬찬히 이야기해주면 아빠로서는 그것만으로도 행복하겠지?

아빠는 벌써부터 상상한단다. 그래서 아빠는 '이미' 행복하단다.

'긴장' 권하는 사회

이 책을 정리하는 중에 슬픈 뉴스를 들었습니다. 태안에서 '해병대 캠프'에 참여했던 꿈 많고 해맑고 수많은 가능성을 가졌던 아이 다섯이 숨진 사건이었습니다.

며칠 동안 우리 사회에 만연한 군대문화를 조명하고, 사회시스템을 점검하고 슬퍼하는 부모들의 모습이 연일 방송에 나왔습니다. 어느 신문의 르포기사에서는 신입사원 연수에서 해병대 체험을 시키는 이유는 공동체 의식을 함양하고 '긴장'을 유지하기 위한 하나의 방법이기 때문이라고 했는데 아무리 생각해도 왜 군대문화가 '공동체 의식'을 함양하는 제일 좋은 방법이 되었는지, 왜 학생들이 '군대 문화'를 그렇게 일찍 체험을 해야 하는지, 왜 직장인들이 대부분 이미 경험한 군대문화를 다시 회고해야 하는지 저는 아직도 이해하지 못하고 있습니다.

회사든 학교든 지엄한 명령을 통해 시키는 대로 해야 하는 기계적인 것이 미덕인 군대 문화를 통해 우리가 말하는 협업능력이나 공동체 의식을 키울 수 있다. 진심으로 믿는 것인지, 그걸 정말 믿는다면 다른 누가 그렇게 생각하는지 의아할 따름입니다. 그리고 설령 그런 식의 일들이 협업능력을 키우는데 도움을 주는 것이 맞다 하더라도 왜 우리 사회는 안 그래도 긴장하고 있는 아이들에게 벌써부터 의미도 없는 긴장감을 지속적이고 집단적이며 또한 집요할 정도로 꾸준히 강요하는 걸까요?

그런 식의 집단의식과 긴장이라는 것이 얼마나 우리 아이들을 지치게 하는 건지 정말 모르는 걸까요?

그런 식의 무지막지한 긴장이 주는 잔인함은 우리 어른들이 이미 경험하지 않았던가… 그때의 거의 모든 우리는 그런 것을 싫어했음에도 왜 우리 아이들에게 굳이, 사서 그런 경험을 시켜야 하는 걸까요?

경험하지 않아도 될 긴장을 부러 강요하는 건 죄악에 가깝다 믿습니다. 저는 그 고통을 너무나 잘 알고 있기 때문이지요. 시험관 시술의 결과는 대략 열흘에서 2주 정도 걸립니다. 물론 그 후에 많은 기다림과 긴장이 있지만, 시술 후만큼 아주 극적이면서 피를 말리는 시간은 많지 않지요. 말하자면 일상생활에서는 머릿속이 안개처럼 하얗게 변하는 그런 긴장감인데요. 그 긴장감을 떠올릴 때마다 커플처럼 되살아나는 기억이 있습니다.

고등학교 2학년 때 아주 좋았던 담임선생님이 병가를 내서 옆의 옆 반 선생님이 잠시 우리 반도 맡게 되셨지요. 하루는 임시 담임선생께서 저와 다른 반 녀석을 교무실로 불러서 십 분 후에 돌아볼 테니 교실 정리를 좀 하고 조용히도 시키라셨는데 그 시절, 병영사회의 흔적이 남아 있던 80년대 후반에는 어느 공동체에서든 늘 그랬듯 "안되면 너희 '공동'의 책임"이라더군요.

돌아오는 길에 옆 반 반장 녀석이 저 선생한테 걸리면 죽는 것 알지? 하며 굳이 말해주지 않아도 수많은 선험적 경험으로 아는 이야기를 한 번 더 읊조리고 가버렸고 저는 책상에 걸친 채 잠을 자는 애들도 깨우고 뒤에 청소 도구랑 물컵도 정리를 시키고는 혹시나 싶어 교실 뒷문에 서서 복도를 연신 쳐다보다 언뜻 칠판을 바라봤지요. 그런데 그 사이 어떤 녀석이 녹색의 그 넓은 칠판이 꽉 차도록 남자 녀석의 '고추'를 지나칠 정도로 세밀하고 솜씨 좋게 그려놓은 것 아니겠습니까?

선생님이 말했던 '공동'의 책임감을 고추를 그린 녀석보다는 더 과하게 느꼈을 제가 다급함에 "야 저거 얼른 지워" 하려는 바로 그 순간, 교실 모퉁이를 돌아 나타난 그 괴력의 사나이. 스쳐도 한방, 빗맞아도 졸도라는 그 선생님이 번개처럼 확! 나타나버려서 얼결에 소리를 친다는 것이 "야. 저것 들어온다아아아아아아아~~~" 였습니다.

원래 하려던 말은 "야, 저것 지워, 선생님 오신다." 였지만 터진 보릿자루의 쏟아지는 낱알들처럼 그 잘못된 말이 터져나왔고 선생님의 살인적 팔 길이 정도 되는 2m 이내에서 포르테에 다다른 성악가가 악을 쓰듯 생뚱맞은 고함을 냅다 지른 셈이었습니다.

청중은 딸랑 한 명. 소인 나라에 온 성질 더러운 거인 한 명.

키가 거의 2미터는 되어 느낌만으로는 최홍만과 똑 닮은 그 선생님으로 말하자면 털끝만큼만 잘못해도 라이터로 눈썹을 태운다든가 닭 목을 잡듯 목을 잡고 끌고 가, 머리를 교실 모서리에 대고 흔들어대서 일타쌍피라는 효과적 구타를 실현하곤 하던 그런 무지막지한 선생님이었는데, 이도 저도 귀찮을 때는 그냥 책상을 집어 던지고 만다는 소문도 있었던 터라 공포는 극에 달했죠. '아. 내가 왜 그랬을까?'

제 키가 아주 크지는 않지만 그렇다고 작지도 않은 177cm임에도 가까이에서는 고개를 45도쯤 올려다봐야 얼굴이 보이는 왕 떡대, 괴물, 강호동 곱빼기, 일발필살! 최영희 선생의 화신 같은 선생님의 검붉은 얼굴을 쳐다보며 다리가 후들거렸고 심장이 콩닥콩닥 뛰고 정신이 어질어질 해졌습니다.

선생님도 잠시 당황한 듯 멈칫하고는 잠시 저를 바라보았고 넓적한 턱 끝에 대고 들입다. '미친 아리아'를 부른 저와는 다르게 다정하기 이를 데 없는 피아니시모 톤으로 조용히 말하셨죠.

"뭐라고……? 이.새.끼.야?"

저는 대답도 못 하고 벌벌 떨며 아무 말도 못 한 채 "어. 저. 그. 아니…."하고 얼버무렸고 뭔가 말을 해야 하는데 말을 못하는 그런 난감한 상황에 빠졌습니다.

교실은 침묵 그 자체요, 사자의 서가 읽히는 피라미드 안처럼 뭐라 말하기 힘든 기묘한 긴장이 엄습했고 그렇게 1초가 한 시간 같은 "새끼야"가 메아리 치고는 선생님은 공포의 핵 주먹을 휘날리거나, 입에 기름을 문 채 불을 뿜어대거나, 저를 찌그러뜨린 후 고무줄에 꿰어 돌팔매질하시지 않고 툭! 밀치더니 교실로 들어가셨습니다. 그리곤 그 흉물스런 그림을 발견하셨지요.

곧이어 고추를 그린 건 한 녀석이었지만 우리 모두에게 재앙이 닥쳤습니다.

술을 자시고 전봇대랑 싸웠는데 나중에 보니 전봇대 옆구리가 푹~하고 파였다라는 믿지 못할 전설의 주인공이었던 선생님께 난데없는 고함을 질러댔지만 선생님은 칠판에 그려진 큼지막한 고추보다는 덜 화가 나셨었고 그건 시한부 인생 같은 행운이었습니다. 그리고 경탄할 만큼 고추를 잘도 그려낸 지랄 맞은 녀석이 자수할 때까지 열혈 건장한 장정들에게 돌아가며 매타작이 시작되었습니다. 선생님이 제가 있는 곳을 쳐다보거나 저를 부를 때마다 느꼈던 긴장감과 그만큼 커지는 부당함도 시작되었습니다.

"언 놈인지 말하라! 으잉? 언놈이가?"

엉덩이에 불이 나는데 매를 맞아 아픈 것보다 내가 정말 이렇게 살아야 하나? 싶은 자괴감이 들 정도의 긴장감은 맞는 매의 횟수와 비례했습니다.

결국 지금은 사제품의를 받고 신부가 된 녀석이 그 긴장감을 이기지 못해 차라리 맞아 죽겠다며 "제가 했습니다." 하는 필기시험은 통과했는데, 똑같이 그려보라는 실기시험을 통과하지 못해 죽는 것보다 더 힘들게 죽도록 맞고 원산폭격을 하고 발길질을 당하는 꼴을 볼 때는 정말 미칠 것만 같았죠.

소리 없는 원망과 아우성이 허공을 떠다녔고 저마다 신음소리를 내며 이대로 가면 죽을 것 같다는 무언의 호소가 끙끙대는 소리로 퍼지기 시작했습니다.

한참이 지난 후 집이 정육점을 한 덕분에 교실 내의 파리란 파리는 모두 손을 한 번만 휘젓는 걸로 쉽게 잡아내던 녀석이 단박에 필기시험을 통과하고 무사히 실기시험까지 마치고 팬티가 찢어질 정도로 매를 맞고 장렬히 전사한 후에야 그 극악한 공포와 긴장, 부당함에 대한 고민은 끝이 났습니다.

그런데 그건 정말 '집단적'이라는 말의 부당함을 극렬하게 상징하는 일이었습니다.

왜냐면 사실 그 낙서가 모두 매질을 당하고 뒤로 누운 채 다리를 허공에 올린 채 한 시간을 보낼 만큼 교육적으로 큰 죄는 아니었다는 것, 그래서 악의와 혐오가 가득한 눈길이 그 정육점 집 아들 녀석에게 집중되었기 때문입니다. 만약 매질과 기합을 통해 공동체 의식이 함양된다고 믿는 사람이 있다면 팬티가 찢어지도록 엄한 매질을 당하고 다리와 허리를 활처럼 구부린 채 40분을 견뎌봐야 할 일입니다.

그렇게 기나 길었던 한 시간의 기억과 이번 태안의 사고는 많은 상념에 빠지게 합니다.

"다 같이 교실 바닥에 머리를 대고 물구나무를 서고 매를 맞는 것이 대체 어떤 의미를 준다는 걸까? 돈을 부러 내고 해야 할 정도로 필요하다 믿는 '집단화된 의식구조'가 주는 의미는 대체 무엇이며 그것들이 우리에게 주는 가치라는 건 또 뭐란 말이냐?"

80년대 이전에 중 고교를 다녔던 많은 사람들이 경험했던 것처럼 타인의 잘못 때문에 모두가 매를 맞는 일들이 옳은 일인지는 잘 모르겠습니다. 다만 한가지 입사를 하면 해병대캠프를 가고 단합을 가르치기 위해 고무보트를 머리에 매고 지고 바다로 뛰어드는 것을 추억이라 불러야 한다는 것. 반 평균을 떨어뜨릴까 봐 학원도 모자라 과외까지 시키는 '학습 노동'을 강요하게 만드는 그런 집단화된 의식구조는 분명 부당한 것입니다.

그것이 아이들에게 물려줘야 할 유산은 더더욱 아닐 것이라 믿기 때문에 왜 우리 아이들이 그런 불필요한 유산 때문에 목숨을 걸어야 하는지 저는 정말 모르겠습니다.

상식있는 사람이라면 두통 때문에 머리에 총을 쏘지는 않지요. 그럼에도 금번 태안사고와 '긴장'권하는 사회를 보면 실은 사회의 작은 두통을 없애고자 우리 아이들 머리에 총을 대고 있는 것은 아닌가 합니다. 비상식. 아이들에게 그 흔한 여유조차 만들어주지 못하는 어른들의 비상식이라니…….

창의력 공장

신문기사를 보니 '창의력' 학원이 생겼다고 합니다. 그 안에서 가르치는 것이 어떤 내용인지는 잘 모르겠지만 언 듯 도저히 가르쳐서 될 일은 아닌 '창의력'을 가르쳐서 만들어 보겠다는 생각 한 사람의 '창의성'에 무척 놀랍니다.

그 창의력의 범위에 '상상력'까지 포함된다면 더 대단한 용기로 보여지기도 하고 '창의력'과 '학원'을 이어 생각해보면 사전을 쥐어주고 문학적 감동을 느끼도록 만들겠다는 장면을 보는 듯해 뒷맛이 씁쓸합니다.

창의적인 생각은 상상의 나래에서 시작될 것이고 상상의 나래는 자유로움을 바탕으로 하는 지적 행위인데도 그걸 가르쳐서 만들어내겠다는 우리는 너무 사전적이고 기계적이구나 하는 생각이 들 때면 "구름은 공기 중 수증기가 모여 만든 것"이라는 '지식'을 말해주는 아빠보다 영화 빅피시(Big Fish)의 거짓말쟁이 아빠처럼 "구름이라는 건 아빠가 어릴 적 잃어버린 솜사탕이 하늘에 걸려 있는 것"이라고 '거짓말'을 하는 아빠가 아이들에게는 더 좋은 아빠일지도 모르겠다 싶습니다.

몇 년 전 살던 아파트에는 나지막한 뒷산이 있었고 그때 적당히 넘어지지 않고 걸을만한 나이였던 아이들과 주말마다 그 산의 오솔길을 따라 산책을 하곤 했었지요. 그곳에서 우리 아이 또래의 아이들을 데리고 온 아빠들을 자주 보게 되었는데 많은 아빠들이 아이들에게 애정 어린 시선으로 “저건 먹구름! 머억 구우루루름!” 하고 알려주는 광경은 흔한 일이었습니다. 그런데 어느 날 어느 아빠가 “저건 소나무! 소나무야! 소오나무!”하고 열과 성을 다해 설명해주는데 정작 그 아이는 길가에 떨어진 마른 솔방울을 유심히 바라보던 것을 보게 되었지요. 그때 (제 아이를 포함해서) 아이들에게 어떤 ‘사전적 명칭’을 알려주는 게 정작 아이들에게는 어떤 의미가 될까? 하고 생각하게 되었던 것입니다.

그 아이는 코카콜라 병을 처음 보는 부시맨이 그랬듯 생전 처음 보는 물건인 것처럼 솔방울을 이리저리 뒤집어 보며 뭔가를 골똘히 생각하고 있었습니다. 그리고 아빠는 아이가 보는 솔방울 대신 소나무를 보며 “여기 봐 여기 봐” 하고 있었고요.

지금 생각해보면 그 아빠도, 저도. 우리가 생각하는 의미가 아닌 아이가 느끼는 의미를 먼저 생각했어야만 했습니다. 그 아이는 어쩌면 솔방울이 어제 자기가 ‘낳은’ 응가와 너무도 흡사하다 생각했을지도 모릅니다. 아니면 공룡쯤 되는 다른 것이 밤에 몰래 ‘낳은’ 알이라고 생각했을 법도 합니다. 어쩌면 아이는 그게 자신이 어제 흘렸던 눈물처럼 아기 나무가 ‘흘린’ 눈물이라고 생각했을지도 모르겠네요. 하지만 한 가지 확실한 것은 그때 그 아이에게 그 솔방울이 사람들에게 어떻게 불리는지는 별로 중요하지 않았을 것이라는 사실이었습니다.

만약 그 아이 아빠가 "여길 봐. 이것 봐봐" 하고 솔방울을 보는 아이에게 소나무를 보도록 계속 강요했다면 마치 일상에서는 거의 신경 쓸 필요가 없는 고차방정식의 공식을 달달 외어야 하는 학생들만큼 일상자체가 지루해졌을지도 모를 일이라고 생각한 것은 그 아이가 너무도 골똘히 그 솔방울을 지켜보는 모습에서 아이가 느끼는 재미와 웃음 그리고 온갖 형태의 상상의 씨앗이 배어 나오는 걸 느꼈기 때문입니다.

그게 아이에게 솔방울이 주었던 진정한 의미였을 테지요.

그런 때 중요한 건 부모가 아닌 아이들의 보는 가치겠지요. 그런데 저는 그걸 가끔 잊곤 합니다. 마음이 급하기 때문이지요. 다른 아이들은 다 알던데…… 이건 알아줬으면 하는데…… 좋은 부모는 아이들에게 '설명'을 잘해줘야 하고… 그런데 솔방울이란 〈소나무 열매의 송이라는 정의를 가지고 있으며 때로는 가습제로 쓰이고 때로는 약용으로 쓰인다〉는 그런 '지식' 말고 소나무는 어젯밤 소나무가 홀로 흘린 눈물이라거나 땅에 잘 묻어두면 언젠가는 공룡 알로 변할 것이라는 그런 상상의 씨앗이 되는 솔방울로 이야기를 해줄 수 있다면 얼마나 좋을까요?

아이들에게 의미를 '가르쳐' 주는 게 아니라 생각할 '기회'를 주는 것이 아이들에게 얼마만큼 큰 의미가 될까요?

여기 두 가지 '사실이 아닌 이야기'가 있습니다.

제가 이 이야기를 굳이 해야만 하는 이유는 앞으로 한동안 기계적 설명만 가득한 교실에서 오랜 시간을 '사전'처럼 커야 하는 아이들에게는 간혹 저런 무지막지한 '거짓말'이 더 큰 〈의미〉가 될 수 있다고 생각하기 때문입니다. 자 한번 보실까요?

"아이 기분 좋아라"
헌이가 말합니다

"정말 기분 좋아라"
안이가 말합니다

헌이와 안이와 엄마와 아빠는
즐겁게 먹을것을 준비합니다

"참 기분 좋구나"
아빠가 말합니다

"정말 기분 좋지요"
엄마가 말합니다

헌이와 안이와 엄마와 아빠는
도시락을 먹습니다 "냠냠냠"

아빠는 헌이와 안이와
공놀이를 합니다 "뻥뻥뻥"

엄마와 헌이와 안이는
노래를 부릅니다 "랄랄라~"

그런데 갑자기 날씨가
흐려집니다 구름이 다가옵니다

구름이 '이놈' 하며
해님을 가립니다 "쉬이익"

바람도 붑니다   "휘이잉~"

하늘에서 소리가 납니다
"우르릉 쿵쾅"

대체 이건 무슨 소리일까요?
헌이와 안이는 조금 무서워집니다

엄마가 말합니다
" 아하~하늘나라 사람들이 볼링을
치는구나"

볼링은 세워진 병을 공을 굴려 쓰러뜨
려서 '우당탕' 소리가 나게 하는 운
동이예요

공을 던지면 '와르릉 쾅쾅' 소리
가 나지요

아빠가 말합니다
" 아니야 아니야 그건 아니야"

아빠가 다시 말합니다
" 하늘 나라 사람들이 방귀를
뀌는거야 뽕뽕뽕~"

헌이와 안이도 어젯밤에 방귀를 꾸었습니다 "뿡뿡뿡~"

하늘나라도 정말 방귀를 꾸는것 같습니다 "우루룽 쿵쾅~"

헌이와 안이는 생각합니다
"나도 아기때는 방귀를 꾸었었지?
뿡뿡뿡 하고 말이야"

헌이와 안이는 생각합니다
정말 하늘나라 사람들도 방귀를 꾸는것 같네요
"우당탕 쿵쾅"

헌이와 안이는 "뿡뿡뿡"
하늘나라 사람들은 "우르룽 쿵쾅"

"아하~ 그렇구나"
헌이와 안이는 하늘나라 사람들의
방귀소리가 이젠 무섭지 않습니다

그런데...아. 이 빈약한 상상력을 어쩌나 싶습니다.

헌이와 안이가
아빠랑 엄마랑 산책을 해요.

아주 아주 즐거운 산책이에요
산책에서 여러 친구들도 만나요

기분이 좋은 헌이와 안이는 인사를
해요

친구들이 헌이와 안이에게 인사를
해요

어라? 친구들이 하는 말이
서로 다르네요?
어찌된 일일까요?

"?"

왜 말들은 이렇게 서로 틀린 걸까요?
그걸 알아보기로 해요.

"옛날 옛날에" ~

저어기~ 멀리 있는 나라에는 아주 아주
큰 '바구니'들이 모여 있어요.

열밤이 지나도 스무밤이 지나도 갈
수 없는 아주 먼 나라이지요

그 나라에 있는 바구니에는
'예쁜' 꽃이 담겨있기도 하고
'씽씽' 바람도 담겨있고
'짹짹' 새들도 담겨있고
'해님과 달님'도 담겨 있지요.

어느 날, 저 멀리 먼 나라 사람들이
영차! 하고 이사를 가요

"영차" 꽃이 가득 담긴 바구니를 옮겨요. 꽃 향기가 나요.

"영차" 물이 담긴 바구니를 옮겨요. 시원한 물이 '철렁' 거려요~

그런데 아앗!!!
바구니 하나가 그만 쓰러졌네요?

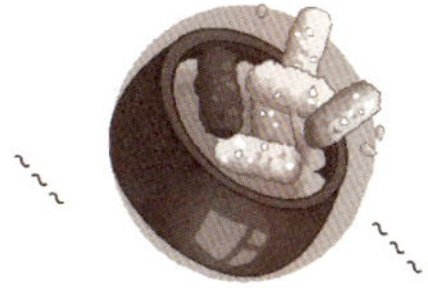

그 속에는 무엇이 들어 있었을까요?

"?"

아~~ 그렇군요.
'말'이 들어 있었네요.

"말"이란?
헌이와 안이가 느낌이나 생각을 전달할 때 쓰는 거지요

맞아요.
엄마 사랑해~ 이것도 말이에요

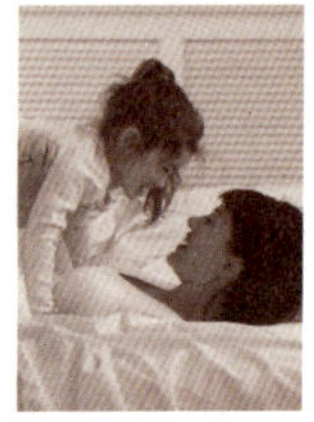

맞아요. 아빠 사랑해~
이것도 말이에요

그런데 바구니 속의 여러 개의
말들이 온 세상 흩어졌어요.

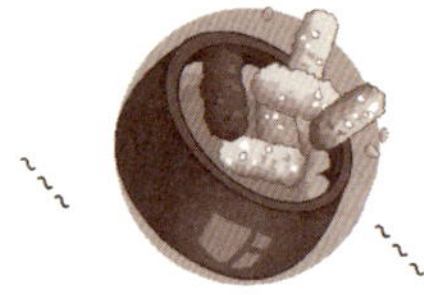

아하! 큰일이네요.
어떤 일이 벌어졌을까요?

한국으로 말이 날아가네요?
미국에도 다른 말이 날아가네요?
일본에도 다른 말이 떨어졌네요?
아하~ 서로 다른 말이 여러 나라로
날아가네요?

온 세상에
여러 말들이 뿌려지게
되었어요.

그래서 말들이 서로 달라졌어요

그래도 헌이와 안이는
다른 친구들과 이야기를 할 수 있어요

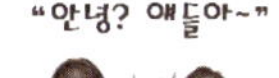

헌이와 안이가 무럭무럭 커서
여러 나라 친구들과 즐겁게 어울리면

다른 나라친구들도
헌이와 안이에게
'안녕?' 하고
인사 해줄테니까요

헌이와 안이도 우리말로
크게 불러볼까요?

-끝-

드라마틱

오늘도 어쩌다 스치듯 보는 드라마의 한 장면에서 여지없이 가난하지만 청순한 여자아이가 우연히 남자를 만나게 되었는데 알고 보니 재벌이고 복잡한 혈연관계를 가졌으며 아버지나 어머니와 사이가 안 좋고 가까운 미래에 어쩌면 암으로 죽을지도 모르는 분위기가 느껴집니다. 그런 걸 볼 때마다 더 이상 달달 하지도 신선하지도 않아 염증이 느껴지는 그런 시나리오를 쓰는 작가들은 저녁을 굶기고 창고에 가둬 넣어야 한다고 생각하기도 합니다만 그런 시나리오를 쓸 수밖에 없도록 하는 다른 사람이 있다면 저와 그 작가들을 포함한 온 국민들이 힘을 합쳐 저녁뿐 아니라 아침까지 굶긴 채 하루 종일 묶어 놓고 실제 세상 공부를 시켜야 한다고도 생각합니다.

그런데 실은 여느 사람이 그러하듯 드라마는 믿지 않지만, 저도 '낭만'이나 '순정'에는 아주 잘 속아 넘어가곤 합니다.

저희가 결혼한 지 막 일 년쯤 되었을 때 은퇴하시고 시골에 집을 지으신 부모님을 찾아뵙고 다녀오는 길에 만난 할머니의 〈드라마틱한 낭만〉은 또렷이 기억하고 있습니다.

할머니는 저녁 어스름한 초봄. 스님들이 매고 다니는 회색 삼각 주머니를 등에 지고 천천히 걸어가고 계셨는데 가시는 곳이 어디든 버스를 타려면 적어도 30분은 더 걸어가셔야 해서 차를 멈췄습니다. 뒷좌석에 타신 할머니는 검게 그을린 얼굴에 평생 뜨거운 햇볕에 일을 하면 더더욱 또렷이 생기는 검은 반점이 얼굴 주름에 겹친 흔한 시골 어르신 모습이었는데 백미러로 보니 입가에 살짝 미소를 보이고 계시더군요.

제가 할머니를 '흘깃' 보고 있다는 걸 아셨는지는 모르겠지만, 할머니가 먼저 "신혼부부인지?"를 물으셨고 신혼부부가 이런 시골에 '어쩐 일'인지도 물으시고는 한참 걸어오신 듯한데 힘들지 않으시냐는 저희 물음에 "아니." 라고 대답하셨습니다. 그리고는 아주 나긋한 목소리로 그러시더군요.

"걷는 건 힘들지 않아. 우리 영감은 신접살림 차리고 나서 바로 OO에 가서 철도 놓는 일을 했는데 신부 한번 보려고 밤새 20리를 걸어와서 잠깐 얼굴 보고 20리를 '또' 걸어갔었는데 뭘"

먼지투성이 시멘트 포장길에 움푹 파인 웅덩이를 요리조리 피하느라 신경을 쓰는 와중에도 '20리'라는 말에 깜짝 놀랐고 차 안에 갑작스런 흥미가 진동했습니다. 조수석에 앉았던 아내도 그 놀라운 이야기에 깜짝 놀라 앉은 채 몸을 돌려 할머니를 보았고 저도 백미러와 앞길을 번갈아 보며 다시 여쭈었습니다.

"20리요?"

20리면 8km이고 왕복이면 16km입니다. 절대 쉽게, 밤새 걸어서 다녀올 거리는 아니죠.

"응. 영감 일하던 ○○에서 신접살림하던 ○○까지 아마 20리 되지? 매일매일 밤새 걸어와서 내 얼굴 보고 되돌아갔지."

"어휴. 대단한데요? 영감님께서 할머니 많이 아끼셨나 봐요?"

"아끼는 거야, 뭐. 요즘 사람들처럼 표현을 안 하니 알 길이 있나. 그냥 와서 가만히 내 얼굴 보고 싱글벙글 웃다가 갔어."

할머니가 말씀하신 두 지역은 저도 아는 동네였습니다. 정확히 말하면 8km가 아닌 10km가량 떨어졌으니 할아버지의 노력을 사랑이라고 말할 수 있다면 할머니는 4km쯤에 해당되는 사랑을 모르고 사신 셈입니다.

원래 목적지는 아니었지만 20리 순정에 취한 우리가 반대 방향에 있는 할머니 댁까지 모셔다 드리겠다는 걸 극구 사양하시던 할머니를 정류장에 내려드리고 집으로 가는 내내 저는 할머니의 신랑이 몸소 보여준 그 진중한 '사랑의 무게감'에 가슴이 서늘하더군요. 사실 저는 그럴 자신이 없었기 때문입니다. 밤새 20km라니…….

옛 추억은 언제나 아름다운 법. 어느 눈 내리던 저녁, 결혼이 결정된 결혼 전 아버지께서 어머니를 찾아와 갱지에 쌓인 뭔가를 내밀길래 보니 당시에는 고급이었던 세무(양가죽) 장갑이었고 장갑을 건네는 아버지의 손에 끼워진 건 손가락 끝 마디가 닳아 구멍이 나고 실밥이 풀린 얇은 실장갑이었다고 합니다. 그 구멍 사이로 살짝 나온 손가락 끝이 달빛에 훤히 비쳐 보였던 것이 지금도 기억에 선하다는 저희 어머니의 (물론 부모님이 다투는 장면을 생각하면 한때 뜨거웠던 부모님의 순정이 참 값싸게 된 셈입니다만) 아버지의 구멍 난 실장갑 이야기만큼 그 할머니의 이야기는 제가 살면서 들었던 '순정'에 관한 이야기 중 가장 아름다운 순정으로 기억됩니다.

채널을 돌립니다. 하지만 바뀐 채널에서도 다시 예의 그……'환상적인' 각본이 시작되었습니다. 저는 까닭 모를 울분을 느낍니다. 모름지기 진짜 드라마라면 너무 많이 가진 것을 조금 나눠주면서 생기는 낭만적 이벤트가 아니라 밤새 20km를 걸어와 두어 시간 얼굴을 보고도 기뻐하는 옛사랑과 넉넉지 않은 살림에 자기도 아쉬운 하나를 기꺼이 상대에게 주는 그런 것이어야 하는 것 아니냐? 하는 갑작스럽고 뒤늦은 당위성이 아랫배에서 끌어올려져 머리로 치솟았고 그래서 저는 더더욱 저런 턱도 없는 시나리오를 써대는 작가들은 저녁뿐 아니라 삼시세끼를 굶기고 더더욱 가혹하게 주리를 틀거나 볼기를 걸레로 만들 정도의 단매질을 해야 하는 것 아닌가? 하며 채널을 돌려 버렸습니다.

그리고 새로운 채널에서는 아무것도 아닌데 비비적대며 넘어졌다 바로 일어나며 짓는 비장한 표정의 연예인 얼굴을 큼지막하게 확대하고는 '미션을 완수하려는 투혼(鬪魂)'이라는 자막이 나오는걸, 보는 순간 불끈! 화를 참지 못하고 소리칩니다.

"투혼??? 저게 투혼이라고? 알려주랴? 진짜 투혼이 뭔지를! 진짜 투혼이란 건 말이야~ 부모가 되면 알아! 알고말고!"

난데없이 밥알이 튀고 분비물이 질질 턱밑으로 흘러내립니다. 저는 격분했고 아내는 격분한 저를 심드렁한 표정으로 바라보다 조용히 한마디 합니다.

"잠자코 밥이나 먹어요."

그런데 사실 진심으로 그렇습니다.

진짜 드라마는 재벌과 가난 사이에 있는 것이 아닌 평범한 우리 일상에 있고, 진짜 투혼은 타향만리에서 일하느라 집이 그리웠는데 마침 회사에서 보내준 라면과 떡국과 식혜를 보고 감동할 수밖에 없는 사람들의 몫이며 아침마다 우는 아이들을 애써 모른척하며 유치원이나 타인에게 맡기고 집을 나서는 마음이 무거운 워킹맘들의 몫이며 남편이 버는 쥐꼬리만 한 월급을 아끼고 쪼개며 장을 보는 전업주부 아내의 몫이기도 하고 전쟁같이 치열한 육아와 전쟁만큼 잔인한 경쟁을 겪어내는 대한민국의 수많은 아이들의 일상일 것입니다.

저는 저희 아이들이 드라마처럼 살기를 바라지는 않습니다. 가급적 평범하고 보편적으로 자라길 바라면서도 아이들이 어떤 '투혼'을 보여야 한다면 저는 그 대상이 일이라면 좋은 일에, 그게 공부라면 대학입학이 아닌 소양과 지식 그 자체에, 그 대상이 사람이라면 아이들이 가장 사랑하는 한 사람에게 보여주기를 간절히 바랍니다. 그래야 그 투혼이 제대로 된 가치를 가지게 될 것이라 믿으니까요. 그리고 그 투혼은 자신이 행복할 때 비로소 생명을 가지게 되는 것이라 믿기도 합니다. 밤새 20킬로미터를 걸어도 행복했을 전설 속의 할아버지가 할머니께 보이신 투혼처럼 말이지요.

그 여자, 백지영

대한민국 아이들에게
"미래의 너를 위해서" 라는 말처럼 싫은 말이 있을까?

　매일 아침 메일 함에 쌓이는 어떤 뉴스레터는 "꿈을 가진 자 지금 바로 틀을 깨고 나서라 지금처럼 하면 퇴보!"라고 말합니다. 그런 메일을 볼 때 아주 가끔은 알듯 모를 듯 낭패감을 느끼곤 합니다.

　저는 '가수' 백지영을 좋아합니다. 사실 좋아하는 가수가 몇 안 되는데 백지영만큼은 특별하게 느껴집니다. 그런데 백지영에게는 미안하지만 노래 자체 보다 그 여자의 노래에 깔린 '성숙함'을 더 좋아하는 건지도 모르겠네요. 그 가수가 겪은 일을 생각하면 언뜻 잔인한 일이지만 솔직한 심정이 그렇습니다.

　자신의 인생을 충분히 관조적으로 볼 수 있다는 건 대부분 큰 병을 앓거나, 크나큰 상실을 경험하는 식의 견디기 힘든 고난을 겪은 사람에게서나 가능한 일이라고 생각하는데 그 여자의 노래에서 가성, 솜씨, 가창력으로는 해결하기 힘든 성숙함을 느끼게 만든 건 선뜻 말하기는 불편하나 웬만한 사람들은 백지영이라는 이름을 듣는 순간 떠올리는 그런 일을 겪었기 때문이라 생각한 적도 있었습니다. 하지만 나이를 먹고, 꿈을 품고 세월을 보내다보니 가수 백지영은 그런 일이 없었더라도 지금처럼 애잔하고 성숙한 노래를 충분히 잘 부를만한 가수였을 것이라는 생각을 하게 되었습니다. 진짜 성숙은 의식적으로 만들어내는 관념이 아닌 저절로 솟아 나오는 감상에 있다고 믿기에 말하기 불편한 백지영이 경험한 그 일은 그 일이 없었더라도 충분히 '성숙'할 수 있었던 백지영을 조금 '빨리' 성숙하게 했을 뿐이라고 생각합니다. 그건 이루어질 꿈은 의도적으로 만들지 않아도 결국 이루어지기 마련이라는 믿음이고 그걸 백지영이라는 가수를 보고 알게 됩니다.

저는 어려서부터 작가가 되고 싶었습니다.

연애 시절 저는 제 아내에게 끊임없이 시와 소설, 잡다한 메모를 엽서로 보내곤 했었죠. 아내는 그런 많은 것들에 대해 "감동했다."고 말해주었고, 저는 어깨를 으쓱! 하곤 했습니다.

한때는 '반드시' 그 길을 가겠다. 내심 다짐한 적도 있습니다.

남들은 다 힘들다 해도 나는 이겨 낼 수 있을 거야. 꿈을 이루는데 그만한 고생은 해야지 할 때도 있었죠. 그때는 내가 원하는 한 가지를 위해 모든 것을 희생할 각오도 있었습니다. 그런데 저는 지금 그다지 특별히 필요해 보이지 않는데 만들라고 하니 만들어야 하는 보고서를 쓰려 책상 앞에 앉아 있습니다. 그렇게 해서 받는 월급으로 아이들 과자를 사주고 전기세를 내고 이런 보편적 감상을 '톡톡'에 휘갈기고는 써도 그만 안 써도 그만인

보고서를 열심히 씁니다.

저는 여전히 작가가 되고 싶습니다.

아주 좋고 멋진 소설을 내고 그 책을 읽은 사람들이 '좋은 책'이라고 말해주었으면 하고 그 힘으로 머리를 다시 기쁘게 쥐어짜내 또 다른 소설을 쓰며 인생을 보내고 싶었었지요. 그런데 어느 날, 유일한 취미생활인 '휘갈기기'를 하는 도중에 아마 누가 누구를 사랑하고 누가 누구와 삶을 사는데 딴에는 "그래 그랬지!" 하고 무릎을 칠 것이다. 하는 혼자만의 생각으로 열심히 끄적이다가 어느 순간 그게 너무나도 터무니없이 '관념적'이라는 사실을 알게 되었지요. 제가 말하는 사랑은 허상이었고, 제가 말하는 인생의 절박함은 그냥 책상머리에서 "이럴 것이다."라는 상상에서 나오는 이야기들뿐 이었습니다. 그건 아주 웃기는 일이었죠.

그동안 끄적인 수천 장의 글을 천천히 읽어보면 단 한 번도 어김없이 이제는 망해버린 공주의 허영 같은 내용들이 가득 차 있었음에도 저는 그것을 '사실'이라고 생각했습니다. 그게 인생이고 그게 사랑이고 그런 것을 사람들은 '삶'이라 부른다고 생각했는데 그게 아니었던 것입니다. 실제는 없는 공허함으로 채워진 상상만 가득했기 때문입니다.

여행을 떠났습니다.

한때는 그랬죠. 그때는 결혼을 결정한 때였는데 그때가 아니면 정말 '후회할 것'이라고 생각했고 사방을 정신없이 돌아다니며 그때의 여자친구인 아내에게 끊임없는 '감상'을 적어 보냈죠. 아내는 역시 감동했다 말해주었고 저는 다시 어깨를 으쓱했었죠.

PC통신에서 웹으로 시대가 바뀌는 그 긴 시간에 글을 쓰고 내가 아는 이야기를 하고 내가 생각하는 말을 쓰고 그렇게 또 시간을 보내고 있는데 제가 그 성찰을 얻기 위해 떠난 여행에서 아내에게 보낸 엽서 꾸러미를 발견했습니다. 그리고 그 글을 읽고 얻었던 깨달음은 망해버린 공주의 허영이 문제가 아니라 내가 애초부터 〈공주〉가 아니었다는 사실이었습니다.

제가 적은 글에는 온통 낭만만 있었는데 현실은 그럴 수 있는 일이 아니었기 때문입니다.

저는 더 이상 그와 같이 쓰레기 같은 배설은 안 하기로 했습니다. 그래서 취미를 바꿨지요. 놀고 마시고 다시 놀고, 그냥 누구나 말하는 직장생활에 "만족한다." 하며 살았습니다. 지금처럼 말이죠. 그런데 어느 틈에 내가 생각하던 좋은 것들(글발, 표현력, 좋은 짜임새들)은 단순히 지식이나 상상에서 나오는 것이 아니라 내가 경험한 어떤 것들로부터 솟아 나는 정서적 '깨달음과 성숙함'에서 나오는 것이라는 사실을 깨달았습니다. 그래서 가수 백지영의 성숙한 노래는 백지영이 겪었던 그 불미스러운 일이 없었더라도, 백지영 스스로의 고민을 통해 결국 만들어질 수밖에 없었던 것이라 믿습니다.

누가 마시멜로 이야기를 할 때나 끓어 오르는 비커에 담긴 개구리 이야기를 할 때도 그 이야기의 상징적 의미를 이해는 하나 감동을 받지 못하는 건, 사실 몰라서 안 하는 것이 아니라 어떤 깨달음은 꼭 세상을 향해 극적으로 뛰쳐나가거나, 골방에서 홀로 얻는 상념을 통해 만들어지는 것이 아니라 그냥 일상을 살면서 소소하게 쌓여가는 깨달음을 통해 자연스럽게 얻는 성숙만으로도 충분히 발전할 것이라 믿기 때문입니다. 사람과 사람, 내 머릿속이 아닌 타인의 머릿속에 담긴 관념들, 기억들, 행동들에서 얻을 게 더 많다는 사실을 저는 알게 되었기 때문이지요. 그래서 저는 가능한 한 오랫동안 직장생활을 하고 싶습니다. 제게 직장생활은 가능한 한 많은 사람들을 만나고 그 사람들의 행동을 바라보고 그 사람들이 하는 말과 행동을 보고 앞으로 제가 쓸 글에 그 사람 하나하나, 그 사람들과 있었던 인생이라는 이벤트, 통찰이라는 이야기 재료를 모으는 적금인 셈입니다.

저는 아마도, 어느 날 갑자기 절명하지 않는 한 칠십 세쯤, 세상 물정을 어느 정도 알고, 세상 사람들이 말하는 슬픔, 기쁨, 고난, 감동에 대해 충분히 이해할 때쯤 내 감상이 아닌 타인에게 '좋은' 감상이 되는 소설을 쓰게 되겠지요.

얼마 전에 아내가 그러더군요.

"이제 글 쓰는 꿈은 포기한 거야?"

설마요. 늘 쓰고 있습니다. 다만 눈으로 볼 수 있는 뭔가로 쓰지 않을 뿐이죠.

저는 이런 '느낌'에 대해 너무나 잘 알게 된 이후에 음악을 하다 직장생활을 하는 친구에게 "이젠 꿈을 버렸어?" 라고 묻지 않습니다. 그 마음속에 언젠가는 이뤄질 꿈의 완성에 대한 기대까지 버릴 리는 없으니까요. 제가 그렇기 때문입니다. 그래서 비커 속의 개구리가 그다지 큰 잘못을 하는 건 아니라고 믿고 있습니다. 참지 못하고 마시멜로를 먹는 사람 또는 끓어오르는 줄 모르고 물속에 가만히 앉아 결국 뜨거워죽는 개구리가 그 어떤

현실 안주라는 죄의식을 갖도록 만드는 건 사실 잔인한 짓이라
는 생각도 합니다. 저마다 꿈을 이루는데 '당장' 현실을 박차고
나가야 할 의무는 없을 테니까요.

저는 오늘도 글을 씁니다.

제 꿈은 '삶'을 이야기하는 작가이고 늘 염두에 두어 그런지 골
초가 못 피운 꽁초 때문에 잠을 못 이루는 것처럼 어떤 날에는
잠 못 이룬 채 그날 떠오른 감상을 끄적이곤 합니다. 그래야 잠
이 오니까요. 그리고 그걸 마음속에 차곡차곡 챙기지요.

의도적으로 세상을 꾸미는 게 아닌, 진심으로 세상을 더 알
고, 사람을 더 잘 알게 된 그만큼의 성숙에서 우러나오는 글을
쓰겠다고 결심하면서 조금 늦어도 괜찮다고 생각하는 건 제가
원래 가졌던 꿈 자체는 백지영의 '실력'만큼 특별히 극적인 이벤
트가 없더라도, 자연히 그리고 서서히 쌓이는 것이라 믿기 때문
입니다.

저는 백지영이 그 자신에게 그랬듯, 제가 제 자신에게 바라듯,
우리 아이들에게 있을 꿈이 충분히 스스로 자라고 성숙해질 때
까지 느긋하게 기다려주는 그런 아빠이고 싶습니다.

그 꿈의 씨앗은 분명히 아이들 제각각 마음에서 이미 뿌리내
리고 싹트고 있을 것이기 때문입니다. 그 꿈에 다른 힘을 따로,
애써, 서둘러 부여할 필요는 없다고 생각합니다.

우리 어른들의 꿈이 아이들의 행복을 먹어 치우게 하고 싶지
는 않다는 것

이것이 제가 가진 또 다른 꿈입니다.

*
*

이 글을 톡톡에 게시되었을 때 저마다 잊었던 꿈을 이야기했는데 우리 마음속에 웅크린 채 살아남은 꿈의 씨앗의 존재를 재확인했고 우리 아이들이 제각각 품고 살 소중한 꿈의 씨앗이 주는 가치에 대해 많이 공감해주었었습니다.

저는 몇몇 사원들이 숨겨놓았던 소중한 꿈 이야기를 들으며 속으로 물었습니다.

가까운 미래에 우리들의 아이들은 각자의 꿈을 어떻게 "구겨 넣고" 살게 될까?

그런데 만약 그 꿈이 씨앗으로만 머물러 있고 그 이유가 우리가 강요하는 통속적인 '성공'이라는 개념의 굴레 때문이라면 우리는 얼마나 슬플까? 하고 말이죠.

당신의 의미

요즘 저희 아이들에게 가장 많이 듣는 질문은 "아빠. 나 사랑해?" 입니다.

아이는 장난감을 가지고 놀다가, 목마를 태워달라고 조르다가, 만화영화를 보다가 불쑥 제게 "사랑해?" 라고 묻고 저는 그 아이들이 태어나기 전부터 느꼈던 어쩌면 그 아이들의 영혼이 생기는 그 순간부터 자연스럽게 준비된 대답을 하지요.

"그럼. 아빠는 정말 정말 정말 너를 사랑한단다."

그럴 때마다 아이는 하던 일을 다시 하면서 무척 행복한 표정을 짓습니다. 사실 아이가 물은 건 사랑이라는 개념 그 자체보다 존재에 대한 '의미'를 묻는 것일 수도 있다는 생각을 합니다만 그게 어느 쪽이냐는 별로 중요하지 않겠죠. 저는 제 아이들을 정말 정말 정말 사랑하고 아이들은 단지 사랑이 주는 '의미'를 재확인하고 싶었을 테니까요.

하지만 제 기억 속에 〈의미를 묻는다는 것〉에 대한 난감한 경험도 있습니다.

신혼생활을 막 시작했을 때 시골 어느 작은 빌라에 살았는데 막 고등학교를 졸업한 옆집 여자아이가 아내에게 찾아와서는 "새댁 언니. 엄마가 삼만 원만 꿔달래요." 하더랍니다. 아내는 삼만 원을 꿔주고 잊고 살았는데 며칠 후 그 집 아주머니가 꿔간 돈을 돌려주며 "가출한 딸아이가 거짓말로 돈을 꿨으며 새댁뿐 아니라 동네 여러 사람에게 돈을 꿔서 찾아다니며 갚는 중이며, 지금은 연락이 닿아 수원에 가 있다는데 거기서 살겠다 해서 그냥 두었다." 했다는 이야기도 전해주었습니다.

여자아이는 한눈에 봐도 알 수 있을 정도로 사시가 심한데다 정신연령도 또래보다는 다소 부족한 아이였는데 그 여자애가 가출했다는 사실 자체를 잊어버리고 살던 어느 날 옆집에서 잠시와 달라 하더군요. 현관에 들어서니 그간의 학생티는 모두 벗어버린 그 여자아이가 와 있었고 그 옆에는 까무잡잡한 얼굴에 호리호리하고 가냘퍼 보이는 대신 아주 근사하고 잘생긴 외국 남자가 긴장된 표정으로 엉거주춤 앉아 있었습니다.

거의 기본적인 단어만 할 정도로 말이 안 통하는데 연애는 어떻게 했는지 모르겠지만 여자아이는 그 사이에 임신을 해서 '남편'과 찾아온 것이었고 아기 아빠가 제가 본 그 파키스탄 청년이었습니다. 한국에 온 지 6개월이 채 안 되었다더군요.

한국말이 거의 안되니 부모가 묻는 질문에 대답을 잘 못하는 상황이라 저를 부른 것이었는데 그 청년이 전직 영어교사였다는 사실을 여자아이는 들뜨고 상기된 표정으로 아주 자랑스럽게 이야기했습니다. 여자아이가 몇 번이나 강조했던 '교사'라는 부분에서는 사실 다소의 전략이 개입되어 있다 생각해 그다지 좋은 기분은 아니었습니다. 실제로 그 청년이 상당히 미려한 영어를 쓰고 있었던 까닭에 그걸 특별히 의심할 일은 아니었지만 혹시 한국사람들이 '교사'라는 말에 호감을 느낀다는 사실을 알고 있어서 특히 강조하는 것은 아닐까? 하는 생각이 들었기 때문입니다. 어쨌거나 그다지 잘하지도 못하는 영어로 여자아이의 부모가 하는 말을 전해주고 반대로 대답을 전해주는 임시 통역사 역할을 하게 되었습니다.

분위기는 예상과 다르게 그다지 나쁘지 않았고 한 시간쯤 이 말 저 말을 전하다 보니 여자아이의 부모는 '그래 어차피 이렇게 된 것.'이라는 체념이 명백해졌고 청년과 여자아이는 '걱정했는데 이만하면 성공'하는 만족감도 명백해졌으며 제 눈앞에서 비정상적인 험악한 일은 벌어지지는 않겠구나 하는 제 안도감도 명백해졌습니다.

그렇게 간간이 작은 웃음도 터져 나오는 온화한 분위기가 무르익을 때쯤 저는 여자아이에게 "이 남자 어디 어디가 좋으냐?" 하는 개인적 관심을 물었고 얼치기 통역을 하는 내내 궁금했던 바로 그 질문을 청년에게도 하게 되었습니다.

"이 여자아이가 당신에게 어떤 의미인가?"

사실 물어서는 안 되는 말일 수도 있었겠지만 다소 분위기가 풀린 듯도 하고 그 청년의 몇몇 개인사, 가족관계, 고향 이야기, 한국에 와서 일을 시작할 때 모든 사람들이 자신에게 '형님'이라 부르라 해서 모든 남자의 호칭을 형님이라 하는 줄 알았다거나 하는 그런 가벼운 이야기도 나눌 때가 되어 보다 손쉽게 묻게 된 것도 있을 것입니다. 어쨌거나 저는 그걸 물었고 청년은…….

그런데 청년은 마치 피날레를 장식하려 했던 악사가 막 절정에 다다랐을 때 음정이 틀렸다고 고함을 질러대는 미친 관객을 본 것처럼 처음에는 조금 미묘한 표정, 나중에는 난감하기 이를 데 없는 큰 치부를 들킨 것처럼 당황스러운 표정을 지었습니다.

"이 남자, '너무너무' 자상하고 잘생기고 똑똑하고……. 좋아요. 사랑해요." 하고 한껏 행복한 표정으로 말하던 여자아이와는 전혀 다른 난감한 표정의 남자는 결국 그 어떤 대답도 쉽게 하지 못했었죠. 그건 아주 잔인하고 또한 슬픈 일이었습니다.

그 청년은 끝끝내 '사랑'이라는 말을 양보하지 않았습니다. 빤히 쳐다보는 제 눈길을 애써 피하며 마시던 차를 두 손으로 움켜쥘 때 손이 바르르 떨린 듯도 했었습니다.

묻지 말걸 그랬습니다.

의도했든 아니든 그렇게 잔인할 일은 아니었는데 그걸 제가 하고 말았죠. 애써 입을 뗀 청년은 "착하다. 자신을 잘 도와준다." 하는 '사실'만 말했을 뿐 그 여자아이를 사랑한다거나 좋아한다거나, 애틋하다거나 하는 본질적 감정에 대해서는 결국 한마디도 하지 않았고 흥미로운 얼굴로 우리의 대화를 바라보던 그쪽 가족에게 "따님이 착하고 다정해서 좋답니다" 하는 정도의 거짓말을 한 것이 잘한 짓인지 못한 짓인지는 지금도 모르겠지만 어떤 것의 의미를 묻거나 그에 대답할 수 있다는 것이 얼마나 중요하고 소중한 일인가에 대해서는 그때나 지금이나 변함이 없습니다.

그 후 청년은 눈에 띄게 불안해했고 그전과 다르게 묻는 질문에는 "예스.", "노."로만 간략히 대답했었는데 '의미를 묻는다는 것의 의미'를 이해한 게 분명한 그 청년이 그 청년의 경제적 불행과 맞바꾼 큰 희생의 증거가 바로 그 여자아이였을 것이라는 생각은 그 청년이나 제가 똑같이 가진 생각이었을 것입니다.

자신에 대한 의미를 물었을 때 선뜻한 대답을 하지 못하는 청년을 "사랑한다. 좋아한다."라고 말하는 순진한 표정의 여자아이를 생각하니 애틋했고 그 청년의 '침묵' 또한 안쓰러웠습니다.

시인 김춘수는 『꽃』이라는 시에서 '내가 그의 이름을 불렀을 때 그는 나의 꽃이 된 것처럼 누가 나의 이름을 불러주면 그의 꽃이 되겠다.' 했는데 결국 누군가에게 의미 있는 사람이 된다는 건 쌍방향의 일이어야 하고 그래서 그 청년은 "나도 사랑해"라는 말을 했어야 했는데 그렇지 못한 그들의 운명을 생각하면 참 마음이 불편해집니다.

오랜만에 맛보는 여유로운 주말 밤에 잠시 창밖을 내다보니 장맛비가 시원스럽습니다.

그 청년에게 그 여자아이의 진짜 의미는 무엇이었을까? 하는 생각을 씻을 만큼 말이죠. 아이들은 "그럼~ 아빠는 정말 사랑한단다." 말하면 가끔씩 제 목을 껴안고 "나도 사랑해" 합니다. 그럴 때마다 저는 아이들에게 제가 어떤 의미가 되었음을 한 번 더 깨닫게 되지요. 그리고 지금 우리 아이들에게 부모인 우리는

어떤 의미가 될까도 생각해봅니다. 사실 나는 너를 사랑해 보다
너는 나에게 어떤 의미인가를 설명해줄 때가 훨씬 더 진중하고
멋져 보이는 건 그 안에는 나만의 욕구가 아닌 상대의 가치에 대
한 인정이 들어가 있기 때문입니다.

  그리고 만약 제가 지금 연애 중이라면 "사랑해" 보다는 "내
가 느끼는 당신의 의미"에 대해 한 번쯤 더 고백할 수도 있으련
만……. 하는 생각이 비와 함께 주룩주룩 내리는 밤입니다.

스킨십

"피부로 말하는 이 뜨거운 감정, 사랑!"

종종, 시골 사시는 부모님 댁에는 누군가 버리고 간 애완동물들이 모이곤 합니다.

그렇게 버려졌고 부모님이 거둬 키우던 강아지 '꼬맹이'를 처음 봤을 때 저렇게 귀여운 강아지를 왜 버려야 했을까? 하고 생각했습니다. 가끔씩 사람을 경탄하게 만드는 꼬맹이의 영리함에 내심 대견해하면서 '반려 동물'이라는 말이 생겨난 이유를 알 듯했습니다. 그런데 그 작고 귀여웠던 꼬맹이가 옆 동네의 도사견에게 물려 죽은 채 길가 도랑에 버려져 있더라는 이야기를 들었을 때 안쓰러움과 함께 문득 제가 꼬맹이를 한 번도 안아 본 적이 없었다는 사실을 깨달았습니다.

웬일인지 꼬맹이는 제가 시골에 내려갈 때마다 어떻게 알았는지 길 어귀까지 미리 나와 반갑게 맞아주면서도 한 번쯤 안아주거나 쓰다듬어 주려 할 때마다 펄쩍 뛰며 저만치 도망을 가곤했기 때문이었습니다.

어떤 이유에서인지 꼬맹이는 누군가의 피부와 자신의 몸이 닿는다는 건 고통스런 이벤트의 시작이라는 것을 일찌감치 알았던 듯합니다.

아… 불쌍한 꼬맹이.

그런데 사실 저도 스킨십에 대해서는 꼬맹이와 다를 바 없었습니다.

도시에서 공기가 얼마나 나쁜지 모르고 살다가 어쩌다 시골에 가면 "아, 내가 이렇게 안 좋은 공기 속에 살았구나." 하고 절감하게 되듯 스킨십이라는 것이 얼마나 좋은 건지 모르고 살았더랬습니다.

그런데 신혼 초였던 어느 날 저녁, 다소 지친 몸으로 퇴근을 하니 장인 장모께서 와 계셨고 제가 현관에 들어서자 장인어른께서 미처 피할 새도 없이 한 팔로는 저를 가볍게 안고 다른 팔로는 제 등을 살짝 두들겨 주시며 "오늘 고생 많았지?" 하시더군요. 제 마음에 '토닥토닥' 소리가 천둥처럼 메아리쳤습니다.

제가 그때 느꼈던 따스함은 뭐랄까 난생처음 포만감을 느낀 거지의 행복감 정도 되었을 것입니다. 그 기쁨은 대단히 커서 기존에 제가 가졌던 '접촉'에 대한 관념을 단번에 바꿔놓았지요.

'아. 누군가와 '닿는 것'이 이렇게 따스할 수도 있는 것이구나'

그날 저는 정말 행복했답니다. 지금 이 순간에도 그날의 일이 너무나 선명해 한 올 한 올 따스함이 제 등을 감싸고 있는 느낌입니다.

그리고 얼마 전 제 폰 주소록에 제 자신의 번호가 '아들'로 등록이 되어 있다는 걸 우연히 알게 되었습니다. 제 자신의 번호를 그렇게 적을 일은 없기 때문에 대체 어찌 된 일일까? 하고 곰곰이 생각해보니 돌아가신 장모님의 폰과 번호를 제가 이어 썼는데 폰을 바꿀 때마다 주소록을 통째로 옮기다 보니 장모님께서 등록한 이름 그대로 제 폰으로 넘어온 것이었고 장모님은 저를 '사위'가 아닌 '아들'로 등록 하셨던 것이었습니다.

'아, 내가 그동안 정말 사랑 받고 살았구나' 하는 깨달음과 함께 장인어른이 제 등을 토닥이며 만들어주신 그 살가운 진동처럼 행복한 여운이 다시 제 마음을 감쌌고 저는 또 그날처럼 행복해졌습니다.

장모님의 임종이 임박했다는 소식을 저는 고속도로 톨게이트를 통과하기 직전에 들었는데 엉엉 울면서 지갑을 찾느라 애를 쓰니 톨게이트에서 상황을 짐작하고 그냥 가시라고 했던 기억이 납니다. 그때의 상실감은 이루 말할 수 없이 컸고 비통했었죠.

'다시는 그런 따스함을 경험할 수 없겠지…….'

저는 우리가 말하는 재산, 학벌, 집안 따위가 정서적 행복을 보장하지 못한다는 사실을 너무 잘 알고 있습니다. 특별하지 못한 학벌, 재산으로도 장인어른 장모님은 그 몇십 배, 몇백 배의 행복을 주시곤 했으니까요. 돌아가신 지 벌써 7년이 지났는데 오늘처럼 무척 지치고 힘들 때는 장인어른이 만들어준 그 따스함이 몹시 그립습니다.

"그런 따스함과 포근함을 딱! 한 번만 더 느낄 수만 있다면 억 만 금도 아깝지 않을 텐데……."

인생은 언제나 아쉬움이라는 얼룩을 묻히고 사는 것이겠지만 오늘은 정말 아쉽군요. 따뜻한 단 한 번의 스킨십이 만들어준 이 고결한 여운……. 정말 고맙습니다.

고민의 문고리

얼마 전 부부싸움을 목격하는 아이들이 느끼는 공포가 가슴에 시한폭탄을 걸어두는 수준이라는 신문기사를 보고 깜짝 놀랍니다.

언젠가 톡톡에 "회사가 먼저일까? 가족이 먼저일까?" 하는 지극히 단순하면서도 생각할게 많아지는 글이 게시되었지요. 그 글을 쓴 분이 딱 잘라 나누기는 바라지 않았겠지만, 제게도 '가족'이 먼저입니다. 그렇지만 하루의 대부분을 보내는 회사와 제 자신 그리고 제 가족은 알게 모르게 촘촘히 연결되어 사실상 같은 감정과 같은 일상이라는 상관관계를 가지기 마련이니 그걸 두 글자로 표현하면 '인생(人生)'이 되겠지요.

그런 인생에서 가족, 회사 중 딱히 무엇이 먼저다 이야기 하기도 쉽지는 않습니다. 하지만 그 둘 사이의 공통분모인 행복에 대해서는 이야기할 수 있습니다. 행복하다는 것. 부모와 아이들의 행복, 직장과 가정에서의 행복이라는 것에 대해 말이지요.

언젠가 합리적을 넘어서 드라이하다 싶을 정도로 지극히 이성적이었던 어느 중견 그룹의 임원이 회사에서는 충분히 참을 수 있는 일들도 왜 아내와 이야기할 때는 더 쉽게, 더 크게 증폭되는지 모르겠다고 담담히 고백한 적이 있는데 그건 사실 저도 느끼는 의문 중 하나입니다. 이성과 감정은 서로 등치 되지 못하기 마련이라서 감정을 조절해야 할 일들은 회사에서 더 많이 벌어지는데 회사에서 쌓인 화는 가정에서 더 많이, 더 쉽게 풀곤 합니다. 왜 그렇게 되는 걸까요?

저는 IMF 직후에 첫 취직을 했는데 IMF라는 것 자체가 충분히 익숙해질 무렵이라 분위기는 지나칠 정도로 경쟁적이 되어 있었습니다. 그리고 어쩔 수 없이 사회적 인간이어야 했던 저도 언제부터인가 인상이 안 좋아졌고 그 후에는 그 인상에 걸맞은 화가 났으며 그 후에는 그 화에 걸맞은 짜증을 내기 시작했다는 걸 알게 되었습니다.

몇몇 선배들이 전해준 이야기에는 떨려나지 않으려고 온갖 애를 썼지만 '결국' 떨려났던 많은 이름 모를 선배들의 극악한 상황이 귀신처럼 회사에 남아 있었고 업무에 익숙해지면 질수록 되레 고민과 일은 많아져서 열 시, 열한 시, 열두 시 때로는 새벽두 시 때로는 새벽 세시까지 일을 하다 혼자 있을 아내가 걱정되어 늦게나마 집에 들어가는 것이 일상이었습니다. 그리고 늦어지는 시간만큼 제 심적인 고통이 커진 건 단순히 퇴근을 늦게 해서가 아니라 지나칠 정도로 경직된 분위기에 "모 아니면 도"라는 사생결단의 절박함이라는 물결을 타야 했기 때문입니다. 몸

보다 마음이 아팠던 것이지요. 고민도 많아지고 고통도 커지던 시절이었습니다.

그리고 늘 소금에 잘 버무려진 배추처럼 피곤에 절어 있던 저는 하루 종일 혼자 있었던 아내의 사소한 이야기에도 신경이 불끈 서는 듯한 느낌을 받곤 했습니다. 그리고 짜증을 냈습니다. 처음에는 짜증을 냈고 그 다음에는 화를 냈으며 그 다음에는 화를 낸 후에 밀려드는 후회가 무서워 마음의 벽을 치게 되었죠. 온전한 대화는 줄어들었고 늘어나는 건 피곤함과 잠에 대한 욕구였습니다. 제 주변의 많은 사람들이 그러했기 때문에 사실 하소연할 곳이라고는 가족밖에 없었는데 최소한 마음의 고통에서 만큼은 저를 구원해 줄 준비가 된 유일한 사람에게 제 고통을 전가하고 있다는 걸 알게 된 때는 점점 심해지는 제 짜증을 참다못한 아내가 울음을 터뜨렸을 때였습니다. 너그럽고 관대한 것이 가장 큰 장점이라고 생각했던 아내가 그러니 불쑥 절반은 제 자신에게 내는 화, 절반은 아내에 대한 미안함이 비참함에 비벼진 기분으로 "내가 지금 얼마나 힘든지 너는 아느냐?" 하는 자기방어적 논리를 마음에 담은 채 뜬눈으로 밤을 새우고 돌덩이 같은 마음으로 출근을 했었지요.

어제와 다름없이 전쟁이 시작되었고 여느 프로젝트와 같이 실패할 가능성이 많은 일정을 살펴보다 세수를 하려 화장실에 갔습니다. 어제의 고민이 오늘도 이어졌고 내일도 이어질 것이라 생각했습니다. 그리고 거울을 봤죠. 그때 거울에 비친 일그러진 제 얼굴이 제 자신에게 알려준 것은 "더 이상 그래서는 안 된다." 였습니다. 최소한 집에서만큼은 그래서는 안 되는 것이었습니다.

그때 처음 그걸 했습니다.

집에 들어가기 전에 현관 문고리를 붙잡고 그날 쌓인 후회와 번민, 고민과 걱정 그리고 쌓아둔 화들을 한데 모아 걸어 두는 상상을 하는 것. 그렇게 마음을 비우고 집에 들어갈 수 있도록 의식처럼 문고리를 만지작거리며 마음을 다잡은 후에 현관문을 여는 것. 저는 집 현관 앞에 다달아 마치 호텔에서 "방해하지 마시오." 하는 표식을 문고리에 걸듯 현관문의 문고리를 만지작거리며 '지금 내가 가진 모든 고민은 여기에 걸어 두자. 그리고 밤새 살아남은 고민만 회사로 가져가자.'하고 생각했습니다. 그렇게 하루, 이틀, 사흘……. 언제 퇴근을 하든 현관 앞에 서서 주문을 외우는 마법사처럼 조용하고 진중히 문고리에 고민을 매달아 두었던 것입니다. 설령 그 고민이 '죽도록' 힘든 것이라 하더라도 문고리가 저만큼 괴롭지는 않을 테니 그래도 될 법한 일이었습니다. 온종일 저와 제 가족과 우리의 행복을 구속했던 수 많은 고민들이 문고리에 대롱대롱 매달려 있는 상상을 하면 제 마음은 한결 편하고 가벼워졌었지요.

'명상'의 의미를 아는 분들은 더 잘 알겠지만 어느 순간 제게 마음의 변화가 생기고 있다는 것을 스스로 알게 되었습니다. 당장 표정부터 달라지게 되더군요. 그때는 아빠가 되기 전이었지만 제가 문고리에 제 고민을 떠넘기지 않았더라면 저희는 어둡고 무거운 마음과 짜증이 버릇이 되는 일상을 살았을 것이고 우리 아이들은 불필요한 '번민'과 함께하는 것이 당연한 가정에서 자라게 되었을 테고 훗날 아이들은 아빠가 퇴근을 할 때마다 아빠의 표정부터 살피는 불안 속에서 살게 되었을 것이며 그렇게 우리 가족 모두는 '불안'과 '불화'를 평생 경험하며 살게 되었을지도 모를 일이었습니다.

그즈음이면 제 스스로도 수습하기 힘든 '불행'한 일상이 되었을 테고 그 불행은 어쩌면 대(代)를 이어 전해질지도 모를 일이었습니다. 하지만 현관 문고리의 지고지순한 희생 덕분에 제 얼굴은 따듯한 온기로 다림질한 것처럼 곧게 펴졌고 더 이상 짜증과 번민이 스파게티처럼 얽히고설킨 듯한 고통스런 표정은 아니라고 아내는 말했습니다.

회사에서의 상황은 이전보다 더하면 더했지 덜하진 않았고 사실 변한 건, 제 자신뿐이었으니 행복을 찾아야 했다면 회사가 아닌 제 마음에서 찾아야 했던 것입니다.

전날 문고리에 맡겨둔 고민들은 미처 챙길 새도 없이 밤새 어디론가 사라져 버리곤 했고 제 마음에 새로 묻어오는 고민들은 어김없이 문고리의 몫이 되곤 했지요. 뭔가가 내 마음의 짐을 잠깐이나마 맡아줄 때 느끼는 해방감에 익숙해지는 시간만 필요했을 뿐 행복한 일상을 꾸미는 데는 아주 좋은 방법이었습니다.

저희는 다시 '정상적'인 일상을 찾았고 최소한 밖에서의 감정을 그대로 가져와 집에서 푸는 일, 감정을 전가하는 일, 짜증을 증폭시키는 일처럼 그게 무엇이든 밖에서 가져오는 '번민'으로 인해 집안에서 불행해지는 일은 거의 없게 되었고 결국 우리 모두 '다시' 행복해졌지요.

꽤 오랜 시간이 지난 지금도 여전히 퇴근을 하면 문고리를 살짝 잡고 기도하듯 가만히 서 있습니다. 그리고 말하죠. "지금 내가 가진 고민은……." 그렇게 하면 전날 걸어둔 대부분의 많은 고민들은 밤새 어디론가 사라져 버리고 아침을 맞는 저는 늘 행복합니다. 덕분에 최소한 '즐거운 나의 집' 안에서만큼은 이 세상에서 가장 행복한 사람 중에 하나일 거라 믿습니다.

제 고민의 고통을 저도 모르게 아내와 아이들에게 뿌려대지 않을 수 있다는 것. 그것이 저 혼자만의 '고민의 문고리'가 주는 행복이기도 합니다.

우리 아이들도 어른이 되어 언젠가는 회사와 자신 또는 그들이 아끼고 보듬을 가족과의 괴리 사이에서 고민하게 되겠지요. 그때 저와 같은 방식이 아니더라도 슬기롭게 일의 과중함과 정서적 고난, 초조함과 스트레스를 이겨내는 더 좋고 새로운 방법을 찾아내길 간절히 기도합니다.

아이들은 자신들보다 부모들이 먼저 행복하길 바랄 것이라 믿습니다. 그 어떤 아이들도 시한폭탄을 목에 걸고 살고 싶지는 않을 테니까요.

그러니 아이들을 위해서라도 우리가 먼.저. 행.복.합.시.다.

고민 따위는 현관 앞 문고리나 우편함이나 그게 무엇이든 어디에든 그래도 상처받지 않을 다른 것들에게 대신 맡기고 말이죠.

나는 매일 상상한다.
"내 안의 모든 고통을 여기에 걸어 둔다.
그래서 나는…… 행.복.하.다."